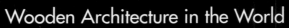

Wooden Architecture in the World

世界新式木造建築設計

日經建築 編・蔡孟廷 譯

日經建築Selection

前言

「日經建築Selection」是從《日經建築》雜誌近年來的報導作品中，嚴選集結相同主題作品，重新編輯構成的主題專書，更加入未在雜誌中刊登過的照片、或是尚未在網路上露出過的訪談報導等，更深入探討這個主題。

《世界新式木造建築設計》就是此系列選集的第一本。

以環境問題為背景，大規模及高層木造建築在世界各地相繼被實踐。關注木造建築發展的地區，並非僅止於日本。

在本書中不僅可學習到國與國之間對於木造防火觀念上的差異，還能觀摩當今突飛猛進的大規模或高層木造建築。透過豐富的照片以及圖面，介紹日本及海外的先進木造實例。

只要大致瀏覽書中的照片一遍，就會對木造建築的既定印象大大改觀。接著，到底是如何實現這些現代木造建築，或是未來該如何繼續進化木造建築的發展，請根據自己的興趣及需求深入閱讀。

期望本書可以成為開拓木造建築下一篇章的開始。

日經建築編輯長
宮澤洋

文字說明及照片，均為本書編輯當時的紀錄，與現況或有不同。首次刊載於雜誌的期號，請參閱第192頁。

世界新式木造建築設計

目錄

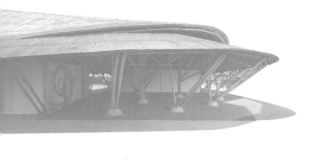

Part4
高防火・高耐震性能的日本都市木造 **10**選 94

5分鐘了解最新關鍵字

本書中特別為木造初學者整理了關於木質材料或防耐火等頻繁出現的關鍵字。在閱讀本書之前，請熟記在心。

1 CLT

期待成為中規模建物的結構材

集成材、CLT的差異點

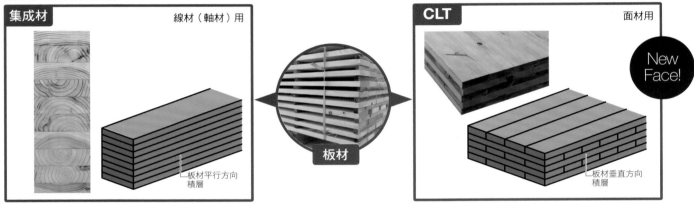

厚約30mm的板材在平行纖維方向積層則為集成材，在垂直纖維方向積層則為集成材。集成材主要作為軸向構件，為了增加軸向抵抗外力的能力，各板材以平行纖維方向膠合。CLT主要作為面材，為了增加抵抗面材之面外或扭轉的能力，各板材以垂直纖維方向膠合。（照片提供：本頁為腰原幹雄）

LVL、合板的差異點

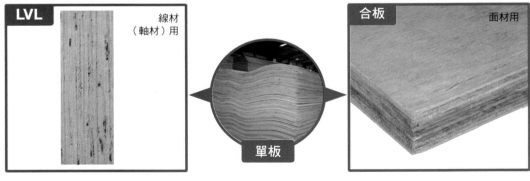

厚約3mm的單板在平行纖維方向積層則為LVL，在垂直纖維方向積層則為合板。LVL主要作為軸向構件，為了增加軸向抵抗外力的能力，各單板以平行纖維方向膠合。合板主要作為面材，為了增加抵抗壓縮或破裂的能力，各單板以垂直纖維方向膠合。

CLT為Cross Laminated Timber的略稱，日文為「直交集成板」。為各層板材間沿著纖維方向進行垂直膠合積層所形成的木質構造板。除了具備優異的耐震性能、防火性能、以及斷熱性能外，重量較混凝土輕為其一大特徵。過去，只能用鋼筋混凝土或是鋼構來設計建造的中規模建築，近年來CLT也成為中規模建築木造化過程中的可能結構材，全面普及亦備受期待。

近年來，木造建築並不僅僅使用原木或加工後的製材，亦大量使用「再構成材」（以木材為原料再重新合成的木質材料）。在都市木造的構造材料選擇上，再構成材的種類除了CLT之外，還有集成材、LVL（單板積層材）、合板等製品。

厚約30mm的板材在平行纖維方向積層則為集成材，在垂直纖維方向積層則為CLT。相較於板材薄，厚約3mm的單板在平行纖維方向積層則為LVL，在垂直纖維方向積層則為合板。大斷面的線材主要以集成材或LVL為主，厚板的面材一般使用CLT或是合板。

❷ 防火集成材
高度關注的「止燃型」

在日本國內興建建築時，根據建築基準法中規定的「防火地域限制」、「用途・樓板面積・樓層數」、「樓高・簷高」等，建築物所需要的防火性能各異。在這些規定中對於防火性能要求最高的建築物，對於木造而言，則需用到「防火集成材」。

一般木造最常用的防火工法，為結構用木材利用石膏作為防火披覆用途，稱為「被覆型」工法。但是此工法則無法表現出木材特有的紋理，近年來可將木材外露的「止燃型」工法則受到高度重視。

「止燃型」工法可用全木材來達成。火災中，炭化層的部分因燃燒而產生，火災後「止燃層」可以阻斷炭化層繼續生成，防止中央的主要結構斷面受到影響。

如果缺少了止燃層，炭化層有可能會持生成，增加結構材破壞的機率。

另一種「鋼骨內藏型」工法，由日本工業集成材協同組合取得大臣認定。此類構件亦可視為「止燃型」工法的一種，一般木材的包覆可以幫助鋼骨的挫屈行為產生，然而火災發生時，亦可視為保護內部鋼骨免於火害的一種設計方法。

木造防火的三大類型

	方案1（被覆型）	方案2（止燃型）	方案3（鋼骨內藏型）
圖解	木構造主要結構 / 防火被覆材	止燃層（不燃木材等）〔水平力〕 / 木構造結構材〔垂直力〕 / 炭化層（木材）〔水平力〕	鋼骨 / 炭化層（木材）
構造	木造	木造	鋼構造＋木造
特徵	構件由防火材料被覆，不受燃亦無炭化層產生	火災發生時產生炭化層保護主結構，火災後止燃層阻斷燃燒	火災發生時產生炭化層保護主結構，火災後透過鋼骨吸收部分熱能阻斷炭化層繼續產生
優點	無樹種限制	可看見木材紋理	可看見木材紋理
缺點	無法看見木材紋理	加工製造複雜	目前僅部分樹種可用

使用通過認證後之方案3「鋼骨內藏型木質系防火構件」，在考慮長期荷載條件下，木材可做為增加鋼骨抵抗挫屈行為之補強材料，不僅限於防火被覆材料使用。（資料提供：本頁為安井昇）

❸ 2小時防火
實現14層樓木構造的可能性

根據日本建築基準法規定，超過4層樓的建築物需以防火建築物進行設計。防火建築物的主要結構須有一定防火時效。主要結構所需具備的防火時效，由最頂層往下樓層數會有不同。最頂層開始往下4層須為1小時防火結構，最頂層往下5～14層須為2小時防火結構，最頂層開始往下15層以上須為3小時防火結構。

也就是說，若能開發3小時以上的木構造防火結構，以防火的角度來看，未來木構造建築物則無樓高限制。實現1小

防火2小時可實現14層木造建築、防火3小時則樓高不限

使用厚板（壁、樓板）如壁式工法或CLT工法，而無梁柱系統的木造建築，防火2小時的結構亦可能突破樓高的限制

最高4層 / 1小時防火木造
1小時防火（上部4層）/ 2小時防火 / 2小時防火木造
大臣認定之2小時防火木造可實現14層高木建築 / 無樓高限制 / 3小時防火木造

時防火結構的木構造建築不在少數。大約在2014年開始，2小時防火結構的技術開發已積極展開。日本木造住宅產業協會約在2017年4月開始持續召開2小

時防火結構的講習會。

（本篇內容由腰原幹雄、安井昇於《日經建築》中執筆的「都市木造入門」內文編成）

Part 1
領導世界
木造的
日本建築師們

對於木造建築的關注並非只存在日本國內。
反之，日本國內亦有是否將相對發展較慢的木造技術「在地化」就好的疑惑。
然而，若將眼光放眼世界，在牽動著世界木造設計發展的趨勢中，
不乏日本建築師的存在。在這之中最具代表性的人物則為坂茂先生及隈研吾先生。
兩位建築師表達出對木材的態度，刺激著世界的木造潮流。

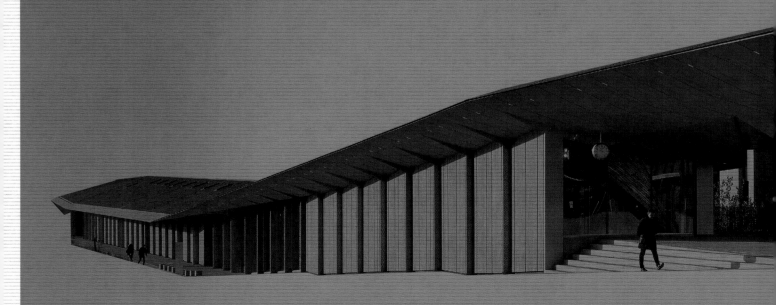

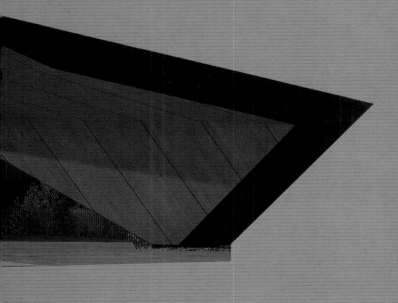

日經建築 Selection
Wooden Architecture in the World

坂茂 | SHIGERU BAN

要說世界知名的建築師當中「哪位建築師最積極的追求木造建築的實踐」，
探詢之下，果然是位鼎鼎大名的人物、2014年普立茲克獎得主「SHIGERU
BAN」。接著就來介紹世界注目，坂茂先生的最新作品。

 La Seine Musicale 法國・Boulogne-Billancourt市

業主：Hauts-de-Sein縣　設計：Shigeru Ban Architects Europe, Jean de Gastines Architectes　施工：Bouygues Batiments IDF

位於川中島的木構造「卵」
利用追逐太陽的巨大遮陽來體驗內外空間變化

法國巴黎郊外、實現蛋形音樂展廳空間。
以隨著光反射而改變顏色的展廳外壁、可動式的太陽能板等為主印象來表現。
在室內外設置不同的公共空間、目標成為放給全市民的公共設施。

〔照片1〕在舊汽車工廠場址上建設音樂廳等複合設施
2017年4月22日開幕的「La Seine Musicale」。建設於位在塞納河
上，賽甘島的東邊區域。全島原本為法國汽車製造商雷諾的工廠。
（照片：Didier Boy de la Tour）

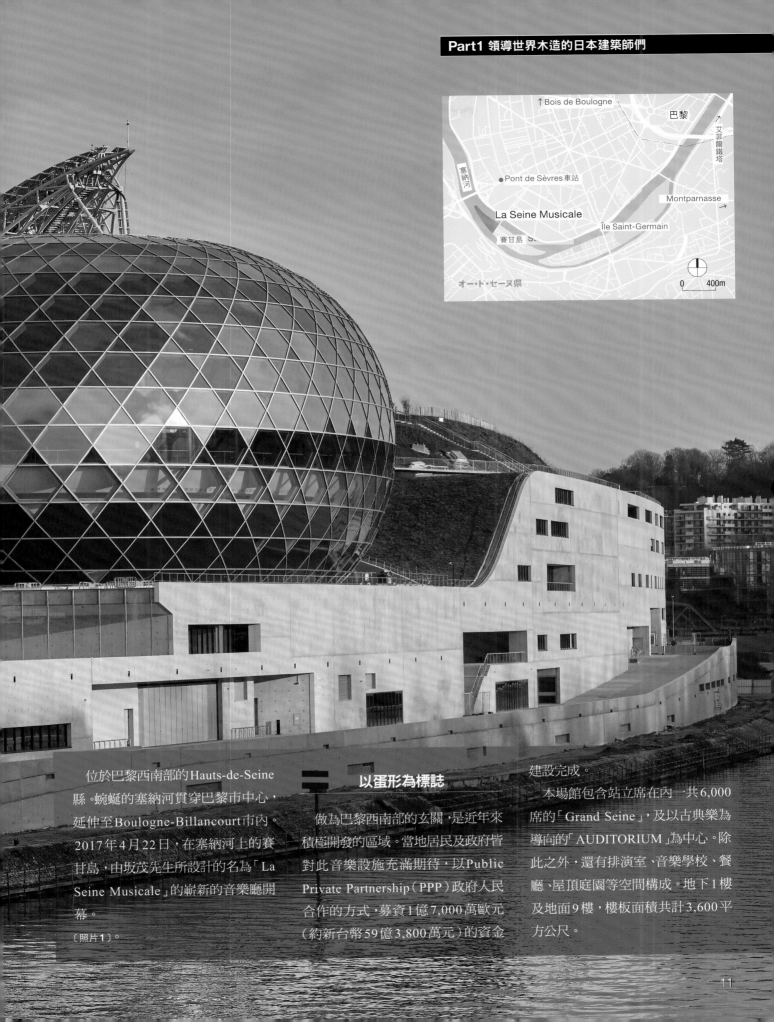

↑ Bois de Boulogne

巴黎

艾菲爾鐵塔

塞納河

● Pont de Sèvres 車站

Montparnasse →

La Seine Musicale

Île Saint-Germain

賽甘島 S

オード・セーヌ県

0　　400m

位於巴黎西南部的 Hauts-de-Seine 縣。蜿蜒的塞納河貫穿巴黎市中心，延伸至 Boulogne-Billancourt 市內。2017年4月22日，在塞納河上的賽甘島，由坂茂先生所設計的名為「La Seine Musicale」的嶄新的音樂廳開幕。

〔照片1〕。

以蛋形為標誌

做為巴黎西南部的玄關，是近年來積極開發的區域。當地居民及政府皆對此音樂設施充滿期待。以 Public Private Partnership（PPP）政府人民合作的方式，募資1億7,000萬歐元（約新台幣59億3,800萬元）的資金建設完成。

本場館包含站立席在內，一共6,000席的「Grand Seine」，及以古典樂為導向的「AUDITORIUM」為中心。除此之外，還有排演室、音樂學校、餐廳、屋頂庭園等空間構成。地下1樓及地面9樓，樓板面積共計3,600平方公尺。

〔照片2〕**籠狀編織木構造包覆的音樂廳**
主要空間古典音樂廳為蛋型，其後由玻璃包覆。照片為
木構造組裝過程中的攝影。（照片：Nicolas Gromond）

〔真3〕天花板以紙管板鋪設被覆
古典樂專用廳「AUDITORIUM」。天花首先利用六角形的
木製框架鋪設，內部以紙管填充。一共使用4種不同大小管
徑的紙管。管徑最大的紙管內部裝設照明設備。
（照片：除了特別標示外，皆為武藤聖一提供）

　　整體設施當中最吸睛的就屬「AUDITORIUM」。以玻璃及蛋形木構架包覆，音樂廳內外典雅地以木材裝飾〔照片2～5〕。從塞納河上的賽弗爾橋遠眺，就如同在混凝土製的巨船的甲板上，承載著一個巨大的鳥籠。

　　在東南面，則裝設有如同船帆的太陽能發電板（PV）〔照片6～8〕。「雖然在競圖時也要求考慮環境條件，然而太陽能板的使用亦可成為入口玄關的遮陽。並利用環控技術，讓不同時間參訪的訪客感受到顏色及光影的變化，為本區的重要象徵。」坂茂先生如是說。

　　大約470枚總面積共計1,000平方公尺的太陽能板，總重達120噸。為了保持根據太陽的方位進而自動移動的屋頂遮陽，在「AUDITORIUM」的四周加設軌道及移動式台車。移動所耗之電力則由太陽能板提供。一年發電量可達80MWh。

　　AUDITORIUM的外廊上，由馬賽克磚鋪設在曲面的牆壁，根據光的照射角度或壁面的曲度，可看到如變形蟲般紅綠交替的顏色變化。

　　另一個多功能演奏廳為「Grand Seine」。玄關入口位於座位席正下方，

〔照片4〕景色及馬賽克磚的變化增添外廊趣味感
AUDITORIUM四周有著360度的外廊。塞納河及其對岸的全景均可一覽無遺。壁面以馬賽克磚鋪設，根據光影角度色澤也隨之變化。

〔照片5〕客席亦採用紙管
AUDITORIUM的客席也採用紙管。廳內的牆壁以其2樓座位席下方的1樓天花，均用木材組合出波浪狀的景觀。

以曲面天花展現。天花使用兩種不同塗料，與AUDITORIUM的外廊壁一樣，根據光的照射會有紅綠色等不同顏色的變化〔照片9、10〕。

場館內外的文化饗宴

主入口的前廣場，設置了歐洲最大規模的液晶顯示器。此設計為坂茂先生的情有獨鍾之作〔照片11〕。

「年輕時，有段時間買不起維也納國立歌劇院的門票。但是，在劇院外因為有大螢幕得以看到演奏。因為這個特別的經驗，覺得讓參觀這個建築的人可以一起享受內部的演奏是一件很棒的事，所以決定設置大螢幕。」坂茂先生如是說。

除此之外，為了在沒有演奏活動時也可讓市民使用設施，廣場或屋頂庭園、以及建築內的玄關等，在建築內外配置的許多公共空間〔照片12〕。

今後，作為巴黎市內嶄新的觀光據點，以及市民平日休閒活動的場所，La Seine Musicale定會受到更多的關注。

〔照片6〕船帆上設置的太陽能板
在AUDITORIUM的東南側設置滑軌,讓太陽能板隨著太陽的位置移動。

〔照片7〕佔全島1／3面積的音樂設施
如大型船甲板上放置一個鳥籠的意象所設計的音樂廳,其面積佔全島面積的1／3。

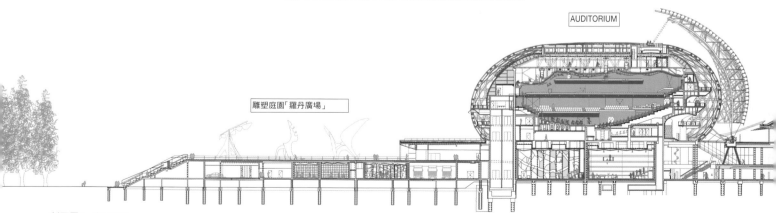

雕塑庭園「羅丹廣場」

AUDITORIUM

剖面圖1／1,000

〔照片8〕太陽能板亦有做為遮陽的功能
太陽能板做為入口玄關的遮陽。透過玻璃以及其間的綠色多晶體矽氧樹脂所呈現出的美感。
（照片：Didier Boy de la Tour）

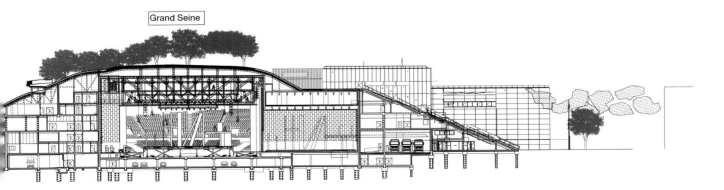

Grand Seine

〔照片9〕多功能演奏廳入口玄關的色澤變化

多功能演奏廳「Grand Seine」在客席底下階梯狀的區域，為入口玄關。天花板為曲面狀，根據塗料的不同呈現出紅綠不同的色澤變化。

〔照片10〕具備演奏廳或影片收錄等多樣使用的功能

「Grand Seine」預定做為常態演奏廳、錄影等多功能的使用空間。

〔照片11〕入口廣場設計歐洲最大規模的液晶顯示器

不僅限於演奏廳內的民眾，為了讓參觀本建築的民眾都能享受到音樂或文化等表演，特意在廣場設置巨大的液晶顯示器。

（照片：Didier Boy de la Tour）

La Seine Musicale

■**所在地**：Ile Seguin 92100 Boulogne-Billancourt France ■**主用途**：多功能演奏廳、古典音樂廳、排演室、收錄室、音樂學校、餐廳、商業設施 ■**停車場**：68輛 ■**基地面積**：23,000m² ■建築面積：16,500m² ■**結構**：鋼筋混凝土、部分木構造及鋼構造 ■**樓層數**：地下1層、地上9層 ■**樓高**：35m ■**業主**：Hauts-de-Seine縣 ■**設計監**造：Shigeru Ban Architects Europe、Jean de Gastines Architectes ■**設計協力**：SETEC TPI（結構）、SBLUMERZTGmbH（木構造）、Artelia（設備）、dUCKSsceno（舞台設計）、NAGATAACOUSTICS（演奏廳音響）、LAMOUREUX ACOUSTICS（其他音響）、RFR（帷幕牆設計）、T/E/S/S atelier d'ingenierie（帷幕牆現場）、Bassinet Turquin Paysage（景觀）■**施工**：Bouygues Batiments IDF ■**營運**：tempo ■**設計時間**：2013年6月～2014年4月 ■**施工時間**：2014年3月～2017年1月 ■**開幕**：2017年4月22日 ■**總造價**：1億7,000萬歐元（約新台幣59億3,800萬元）

〔照片12〕可自由進出的屋頂花園
多功能演奏廳 Grand Seine 的屋頂為覆土的庭園。
針對一般市民開放的自由散步區。也可就近觀賞
AUDITORIUM 的太陽能板。

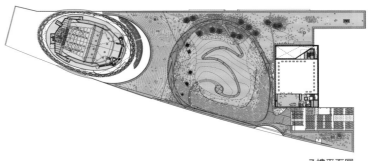

7樓平面圖

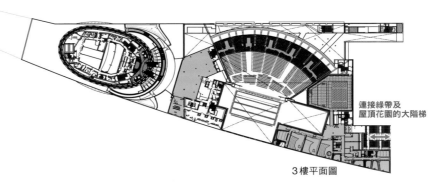

連接綠帶及
屋頂花園的大階梯

3樓平面圖

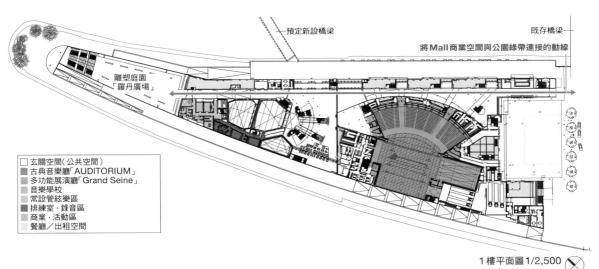

預定新設橋梁　　　　既存橋梁

將 Mall 商業空間與公園綠帶連接的動線

雕塑庭園
「羅丹廣場」

□ 玄關空間(公共空間)
■ 古典音樂廳「AUDITORIUM」
■ 多功能展演廳「Grand Seine」
■ 音樂學校
■ 常設管絃樂區
■ 排練室・錄音區
■ 商業・活動區
■ 餐廳／出租空間

1樓平面圖 1/2,500

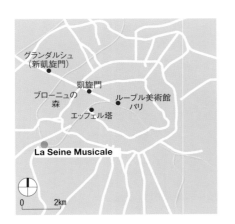

グランダルシュ
(新凱旋門)

凱旋門

ブローニュの
森

エッフェル塔

ルーブル美術館
パリ

La Seine Musicale

0　　2km

塞納河兩岸為廣大的住宅區。全島的總規劃設計為 Jean Nouvel 建築師。音樂廳設施以及混凝土
建築的一部分,都是在整體的設計規劃原則下所進行的設計

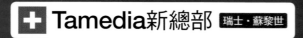

+ Tamedia新總部 瑞士·蘇黎世

業主：Tamedia　設計：SHIGERU BAN ARCHITECTS EUROPE　施工：HRS Real Estate

無使用鐵件接合的木造辦公室

內外可見的7層樓木構造

坂茂先生在瑞士蘇黎世設計的木造辦公室全新完工。
含中間夾層共計7層樓高，結構材完全外現。
其中接合部完全沒使用鐵件。攝影報導為武藤聖一先生。

Tamedia新總部的夜景。木結構透過玻璃外牆清晰可見。
（照片：除了特別標示外，皆為武藤聖一提供）

從施工期間即備受蘇黎世市民關注的Tamedia總部，經過2年半的施工在2013年7月接近完工，並階段性開放使用。

Tamedia為總部設在蘇黎世的多媒體公司，產業涉及電視、廣播、報紙及雜誌等。創業於1893年。新總部位於蘇黎世中央車站南側，沿著錫爾河（Sihl River）畔步行約10分鐘的距離。在佔地7,400m²的基地上拆除一棟既有建築物並新建新建築，另外在與之比鄰的既有建築物上方新增2樓新建築。

新總部的主要結構為木構造，是一棟含中間夾層共計7層樓高的木造建築。新增木構造與既有結構間，雖以混凝土電梯井等空間作連接，結構系統上木構造可視為一獨立建築。

主要結構材為松科的雲杉集成材，接合部完全不使用金屬接合物。接合部榫接口為橢圓形，使其更穩定地接合。施工時如同木材玩具般的組立。

柱梁施工時的景象。梁以橢圓形卡
榫接合,使其無法轉動形成固定端。
(照片:坂茂建築設計)

施工中的外觀。建築物與街景保持同樣
韻律，與周遭環境相互融合。（照片：坂
茂建築設計）

鋁製框架與玻璃刻繪的外觀。玻璃分割中橫桿的部分為玻璃拉窗，可向上開啟。

建築物的四周主要為玻璃帷幕牆以及玻璃拉窗，目的是為了通透並展現出內部木結構。

「設計初期想使用橡樹或栗木等硬木材料，在當地屬於相對高價的材種，最後選擇了當地可便宜供給的雲杉。同時因為不使用金屬構件，使得整體造價幾乎與鋼構造相差無幾。」坂茂先生如是說。

建築的入口位於三角型基地的東北角〔照片1〕，隨著迴轉門進入室內後，正面社有擺設簡單的接待區。穿過安檢台後，則可見由440×440mm的木柱展現從底層延伸到頂層的挑空空間。此區為內部的亮點空間。由於木結構直接外露，清楚地呈現接合部的細部設計。挑空的右手邊（西

〔照片1〕Y字路上的主視覺外觀
建築物的正面可看見位於東北角的入口。在總部的左右後方可看見既有建築。

側），為夾層的多功能大廳〔照片2〕。

各挑空層間設置鋼製的樓梯相互串聯，通行往上後則有各樓層的休憩空間〔照片3〕。在這裡，錫爾河的河面及綠地、以及舊街區的教會，皆可一覽無遺。繼續探索剛搬遷完成，名

為「20MINUTEN」的報紙編輯室。此處為既有建築上方的增築部分，加上圓頂天花〔照片4〕。

本區域圍繞著中央螢幕排列辦公桌，可提供60人同時在此工作。

在長達23m的挑空空間中呈現令人震撼的柱列。此處亦放置著坂茂先生設計的紙家具。Tamedia的第三任社長Pietro Supino在受訪時提到：「對於設計出如此具有創意及美感空間的總部建築，是大家原本都無法想像的。」

〔照片2〕近距離接觸木造接合部
從夾層眺望多功能大廳，可近距離接觸令人震撼的木造接合部。大廳中擺放JACOBSEN的家具。

〔照片3〕挑空空間之一角
在挑空空間一角的樓板設置休憩空間。

〔照片4〕最上層的圓頂天花
增築部分最上層的辦公室。圍繞著螢幕配置的橢圓形辦公室，為「20MINUTEN」的編輯室。

「並非僅是將建築材料由鋼換成木，而是以木材表現出木材應有的樣式，打造僅有木材才能傳達的溫潤及舒適的辦公空間」坂茂先生如是說。另外，SHIGERUBAN ARCHITECTS EUROPE中在設計初期即參與的淺見和宏先生提到：「如果缺少了木造建築權威Hermann Blumer的創意，及瑞士企業長期培養的3D設計木製品及CNC加工技術，則無法實現本建案。」

在本案的採訪過程中，塞納河賽甘島的音樂演奏廳的設計規劃案，採用坂茂先生的設計提案的新聞不斷湧入。此建築也是大量使用木材，未來必是受到關注的焦點。（參考本書第10頁的La Seine Musicale）

（攝影報導：武藤聖一）

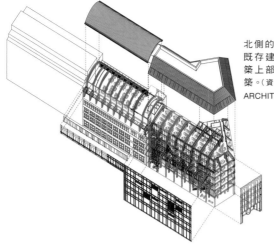

北側的新建築與南側的既存建築接合，既存建築上部另有2層樓的增築。（資料：SHIGERU BAN ARCHITECTS EUROPE）

晴天時沿著錫爾河的外觀，為外部遮陽拉上時的景象。

南北剖面圖1/800

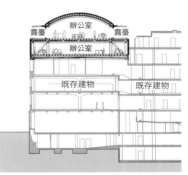

東西剖面圖（既存上部的增築）1/800

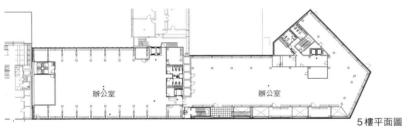

5樓平面圖

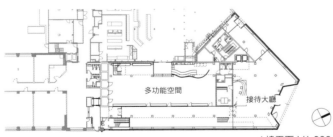

1樓平面1/1,000

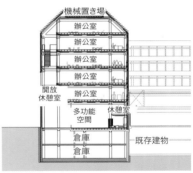

東西剖面圖（新建部分）1/800

■施工協力：Blumer-Lehmann（木結構）■營運：Tamedia ■設計時間：2003年4月～2010年12月 ■施工時間：2011年2月～2013年7月 ■開幕：2013年8月

（外部裝修）
■屋頂：瀝青防水＋礫石鋪設（平屋頂）、不鏽鋼複合板（圓頂屋頂處）■外牆：玻璃帷幕牆（3層玻璃）、部分鋁製框 ■四周拉窗：鋁製拉窗

（內部裝修）
辦公室■樓板：OA樓板＋地毯磚 ■牆面：玻璃隔間＋混凝土塗裝＋石膏板塗裝 ■天花：木質複合板＋塗裝
開放式及封閉式休憩室■樓板：OA樓板＋地毯磚 ■牆面：玻璃隔間 ■天花：木質複合板＋塗裝
接待大廳■樓板：大理石 ■牆面：玻璃隔間＋混凝土塗裝 ■天花：木質複合板＋塗裝

Tamedia 新總部

■所在地：瑞士蘇黎世 Werdstrasse 15 ■主用途：辦公室 ■前面道路：24m ■基地面積：7,360 m² ■建築面積：1,870 m²（新築1,000 m²、增築870m²）■樓板面積：10223 m²（新築8,790 m²、增築1,433m²）■構造：木造、部分鋼筋混凝土 ■樓層數：地下2樓、地上7樓 ■新築部各樓層面積：地下2樓1,065 m²、地下1樓1,065m²、1樓1,000 m²、夾層591 m²、2樓1,029 m²、3樓1,044 m²、4樓1,065 m²、5樓1,053 m²、6樓878 m²

■增築部各樓層面積：5樓870 m²、6樓563 m² ■基礎：筏式基礎 ■總高：最高處26.5m、簷高24.76m、樓層高3.7m、天花高2.96m ■主要跨距：5.45m×10.98m ■業主：Tamedia ■設計：SHIGERU BAN ARCHITECTS EUROPE ■設計協力：Itten+Brechbohl（建築）、Hermann Blumer（木結構）、SJB.KEMPTER.FITZE（木結構）、Urech BartschiMaurer（RC）、3-PLAN（電機空調衛浴設備）、feroplan（帷幕）■施工：HRS Real Estate

結構工程師對近代及未來木造觀點

坂茂近年來，與專精木造的瑞士結構工程師在眾多項目有所合作。關於Tamedia新總部的設計過程，透過email與Blumer先生取得資料。

——目前為止跟那些建築師合作過？

目前為止，幾乎只與瑞士國內的建築師合作過。比較著名的建築師如Peter Zumthor、Herzog & de Meuron（HdM）等。

——和坂茂先生合作的Tamedia新總部大樓過程艱辛嗎？

為了實現本項目，特地開發樓板與壁體不使用鐵件接合的工法。此工法亦可能應用在住宅或辦公室。

和坂茂先生一同合作過的龐畢度中心梅斯市分館（Centre Pompidou-Metz, 2010）、或是南韓Nine Bridges高爾夫俱樂部（2010），雖然也是幾乎不使用鐵件的工法，但在本次的合作項目中，則是徹底表達完全不使用鐵件接合的可能性。

由於本項目與工程師過去所習慣使用的工法不同，透過同為專家的我詳細說明後，均可理解其中的可行性，使得工程能往前更進一步。

Hermann Blumer
構結構工程師，1943年於瑞士。1971～97年間，在專門做木材加工Blumer公司擔任GM（General Manager）。1997年，成立高精度木材加工公司Blumer-Lehmann。（照片：Hermann Blumer）

——瑞士國內目前有如Tamedia新總部此規模的木造建築嗎？

沒有，此規模的木造辦公室在瑞士是第一例。

——為何主要結構材使用雲杉？

當時的確有想過使用栗木（七葉樹），但發現其價格高昂後，隨即決定使用雲杉。

——橢圓形的接合部並無負擔應力傳遞嗎？

並非如此，接合部使用較為堅硬的欅木材。

——防火性能呢？

60分鐘左右的高熱防火性能。

〔圖1〕不使用金屬鐵件接合

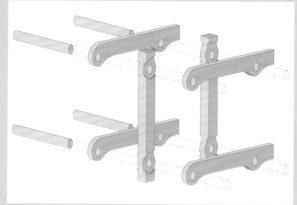

木造構架的概念圖。接合部不使用金屬鐵件接合。

〔照片1〕利用橢圓形的接合孔接合
建建造時景象。接合部利用橢圓形的接合孔固定接合。
（照片：SHIGERUBANARCHITECTSEUROPE）

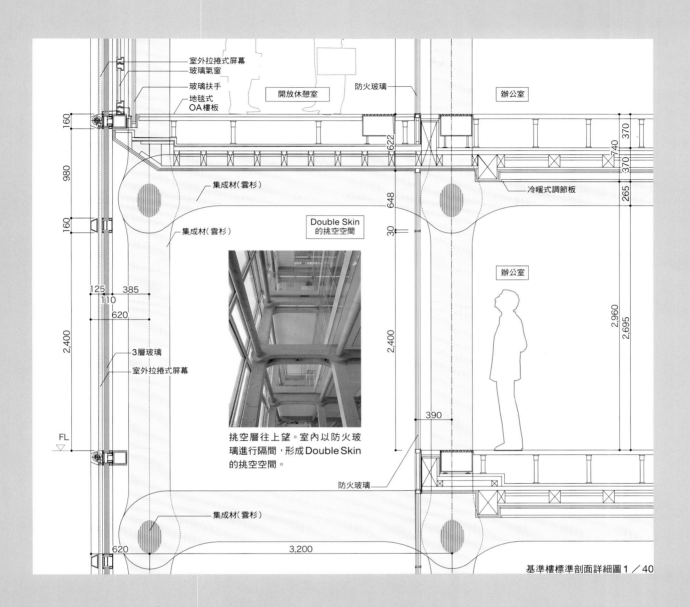

挑空層往上望。室內以防火玻璃進行隔間，形成 Double Skin 的挑空空間。

基準樓標準剖面詳細圖 1／40

（圖中標示：室外拉捲式屏幕、玻璃氣窗、玻璃扶手、地毯式OA樓板、開放休憩室、防火玻璃、辦公室、集成材（雲杉）、Double Skin 的挑空空間、冷暖式調節板、3層玻璃、室外拉捲式屏幕、防火玻璃、集成材（雲杉）、辦公室）

（尺寸標示：160、980、160、2,400、125、110、385、620、620、622、648、30、2,400、3,200、390、FL、370、740、370、265、2,960、2,695）

——在瑞士結構或防火性能是由哪個單位審查？

在瑞士並無國家層級的審查機構，建築審查是由各州獨立執行。並無結構或防火等相關基準或條例。

——Tamedia新總部大樓的木結構可以蓋到幾層樓？

估計可到20層樓。若以木構加非木構（鋼構或RC）此混構造型式，或許可以達到50層樓高也說不定。

——在日本如東京等都市，有可能蓋一棟如Tamedia新總部大樓嗎？

在這15年間木造技術有著突破性的發展。現在建立在可以抵抗大變形的彈性接合方式上，木造重量亦不如鋼筋混凝土或鋼構造般重。建築物重量輕亦即耐震性能相對而言較強。因此在日本也有機會實現如Tamedia此類的木造大樓。

——在都市中影響木造建築物普及的最大因素為何？

對木造防火性能的不信任。另外，隔音性能也是一項因素。這兩點目前在專業知識的累積上還存在著較大的問題。除了以上2點外，大概沒太多限制因素了。

與混凝土、鋼構或玻璃等材料的組合使用，在不久的未來一定可以實現。

✚ Swatch新總部 瑞士‧Biel（Bienne）

業主：Swatch　設計：Shigeru Ban Architects Europe　施工：Blumer-Lehmann AG（木造）

3D加工完成的木造網格薄殼

利用數值解析實現輕薄波浪造型

木造的網格薄殼系統如同生物般附著，將建築物包覆。
施工中的Swatch新總部則是挑戰輕薄的木造網格薄殼的極限。
設計師坂茂先生，親自解說學習到歐洲木造技術的重要性。

〔照片1〕呈現有機型態的木格子組構
木造網格薄殼的施工現場。屋頂由ETFE（氟塑膜）此透光性強
的薄膜被覆。（照片提供：無特殊註記則由本刊提供）

若是以鳥的視角由上往下看，就如同看到一個巨大的木籠〔照片1〕。左邊的照片即為世界知名的手錶製造商Swatch正在建設中的「Swatch新總部」。木造網格薄殼的屋頂，完工後將描繪著如生物般有機的形態〔圖1〕。

巨大的網格薄殼橫跨公共道路，覆蓋著道路西側正在建設中的多功能建築「OMEGA2」的屋頂。進入到網格薄殼的內部後，清晰可見木材交錯縱橫，並且以複雜的角度扭轉組合。宛如以機械加工金屬般所呈現的形狀。

由網格交錯而成的屋頂及壁面，以ETFE（氟塑膜）空氣膜以及玻璃覆蓋。透過高透光的屋頂將日照引進室內，藉以調整室內溫濕環境。ETFE空氣膜的實際效果，亦透過在施工現場隔壁設置實際尺寸的樣品（mockup）進行實驗檢證。

在ETFE空氣膜的內部，加入吸音用的十字斜撐。白十字除了象徵著瑞士國旗此設計意涵，同時也是swatch的商品標章〔照片2〕。

巨大木材的切削

Swatch新總部位於瑞士西本部的Biel（Bienne），為3棟新設計的建築項目中的其中一部分。除了Swatch新總部之外，另外還有知名品牌OMEGA的生產設施「OMEGA1」，以及作為博物館用的「OMEGA2」，工事同時進行中〔圖2〕。建築基地為瑞士鐘錶生產的中心區域。

〔圖1〕橫跨公共道路的屋頂
Swatch新總部期待成為當地的新地標。木造網格薄殼的屋頂，覆蓋著博物館等用途「OMEGA2」
的頂層。（資料提供：ArtefactoryLab／TheSwatchGroup）

〔圖2〕木造被分別活用在3棟建築中
由東往西分別為「Swatch新總部」，夾著公共道路做為博物館用的
「OMEGA2」，主要生廠設施的「OMEGA1」等3棟建築。OMEGA 1是
由鋼筋混凝土的服務核，外部再由木造梁柱系統包圍，OMEGA最先進
的生產工廠。OMEGA2是由1樓柱列的上部以全木造建設，具備博物館
或會議室等功能之建築。
（資料提供：下一頁也由ShigeruBanArchitectsEurope提供）

OMEGA 1

OMEGA 2

Swatch新總部

建設過程中的木造結構 （照片：ShigeruBanArchitectsEurope）

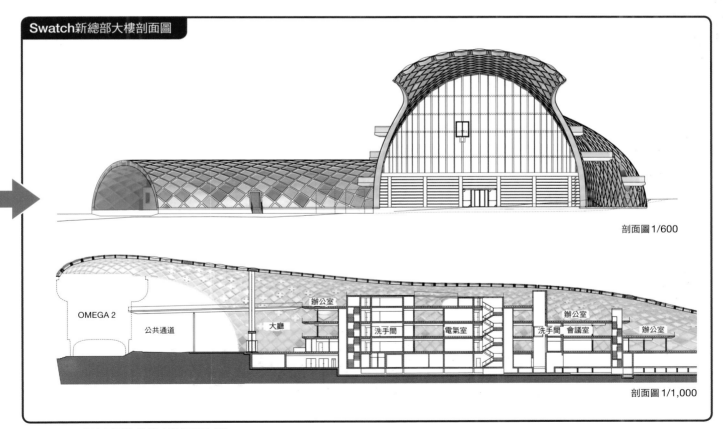

Swatch新總部大樓剖面圖

剖面圖 1/600

OMEGA 2

公共通道

辦公室

大廳

洗手間　電氣室

辦公室

洗手間　會議室

辦公室

剖面圖 1/1,000

〔圖3〕RC被如同生物般木造網格包覆
在L型基地上建設的Swatch新總部，如同生物般的蜿蜒起伏。建築物的服務核及樓板由RC建設，接著以有機形狀的木造
網格薄殼包覆。

〔照片2〕網格內的十字斜撐
斜撐使用瑞國國旗及Swatch品牌中的白色十字。ETFE的空氣膜的內側設置吸音設備。

〔照片3〕彎曲複雜的木結構
施工中的木造構架。並非僅僅是單純的格子。

與Swatch集團有競爭關係的勞力士（Rolex）也在本地設有據點。

坂茂先生在國際競圖中勝出，成為這3棟建築的設計師。而採用坂茂所提出的嶄新設計概念的Swatch集團，對於大量使用木造的3棟建築物中的Swatch新總部，高度期待它成為街區的新地標。

為了建設Swatch新總部，特地購入此塊L型的基地。首先以鋼筋混凝土建設服務核及樓板，接著再以如生物般有機形狀的網格薄殼覆蓋於其上〔圖3〕。複雜的彎曲木材則以CNC（電腦數值控制）進行切削加工。坂茂事務所中擔任整體項目負責的岡部太郎說：「將巨大的結構用木材以3D加工技術切削出如此複雜的形狀，為相較日本先進的技術。〔照片3、4〕」

想設計出只有木造才想當然爾能實現的結構，因此變更了網格薄殼的梁結構部的設計，厚度較當初設計時縮減了34%。原本在梁的下方設置灑水噴頭及輻射暖房用的管線，梁的另一側加設立面材料等構造，從立面材料到內部設備一共有1,387mm厚。為了不讓整體看起來如混凝土結構般厚重，瑞士木結構工程師Hermann Blumer，進行了3D模擬分析。透過梁的加工，直接將立面材料及管線組裝進木結構中，整體厚度縮減至910mm〔照片5〕。

為了實現精密施工，在瑞士存在著介於建築師與施工單位間，負責進行3D數值模擬的專家。他們所負責的工作亦有編寫程式，控制CNC加工機能

〔照片4〕坂茂事務所內網格薄殼整體項目負責人岡部太郎
岡部先生在現場重複與各領域的專家討論。「音響」「防災」「空調」「電機」「景觀」等再加上「木構造」，共有十幾家的顧問公司。

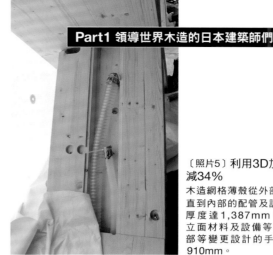

〔照片5〕利用3D加工將梁厚度縮減34%
木造網格薄殼從外部的立面材料，一直到內部的配管及設備，設計初期總厚度達1,387mm。利用3D加工將立面材料及設備等組裝置木構造內部等變更設計的手法，厚度縮減為910mm。

〔照片6〕現場組裝加工簡便
木造施工負責為瑞士的Blumer-Lehmann公司。由於其公司的木造建築技術深受坂茂信賴，瑞士蘇黎世的Tamedia新總部以及韓國等的海外項目，均委由此公司執行施工。

〔照片7〕木造所需施工人員較少
利用精確切削的木構組件於現場組裝施工，實現複雜的木構架系統。現場施工人員出奇的少。

機密的切削出任何形狀的木材。

結構上較為創新的概念在成形的過程中，利用3D成形技術將影像透過投影螢幕來討論。「利用3D影像來進行不同角度的檢討，幾乎不用手做模型」岡部先生如是說。

施工現場，木造施工委由瑞士Blumer-Lehmann公司的員工進行網格薄殼的組裝作業。精密計算後切削出，如同榫卯接頭般的接合部，有利快速施工〔照片6〕。施工人員亦出奇的少。木材組裝作業員2名，塔吊作業員2名，結構材的準備及清點由1人負責〔照片7〕。

利用小型作業單位，理所當然地把加工後的木材，在施工現場將結構單元一一的組裝起來。組裝作業如同在組裝巨大的積木玩具般簡易。

（內文：江村英哲）

Swatch 新總部

■所在地：瑞士Biel（Bienne）■主用途：辦公室■道路面寬：13.7m■停車數：197輛■基地面積：19,501 m²■建築面積：6,380 m²■樓板面積：25,016.6 m²■結構：木構造、RC■樓層數：地下2層、地上5層■防火性能：90分鐘防火■各樓層面積：地下1樓3,418.6 m²、1樓6,236.7 m²、2樓2,997.1 m²、3樓2,432.9 m²、頂層280.8m²■基礎：直接基礎■高度：最高23m、樓高4.1m（地下層 樓高3.45m）■主跨距：8.5m×9.125m■業主：Swatch■設計：Shigeru Ban Architects Europe■項目管理：Hayek Engineering■施工管理：Itten+Brechbühl■設計協力：Hermann Blumer＋SJB. Kempter. Fitze（木結構）、Schnetzer Puskas Ingenieure（木結構以外）、Design-to-Production（3D專業製作）、Leicht（帷幕工程）、Gruneko Schweiz（空調換氣設備）、HerzogKull（電機設備）、BDB Security Design（避難防災）、Transsolar KlimaEngibeering（永續設計）、FontanaLandschaftsarchitektur（景觀）、Reflexion（照明）、日本Design Center（標誌設計）■監造：Shigeru Ban Architects Europe／Itten+Brechbühl■施工：Blumer-Lehmann AG（木造）、ARGE（JV）Marti AG、Frutiger AG（建築本體）■設計時間：2011年11月～■施工時間：2015年2月～

海外也追求高精度的木造

法國工作10年以上，持續追求設計實踐的坂茂先生，針對海外項目的甘苦談。
為了在預算內追求高品質，針對木材使用方式所下的工夫。

——La Seine Musicale〔照片1〕中最為吸睛的，當屬古典樂專用廳AUDITORIUM，內裝使用紙管及木造合板，展現出建築本身獨特的風格。本設計該如何在預算與建築達到合理的平衡。

「La Seine Musicale」是我第一次設計的音樂廳項目。在負責音響設計顧問，永田音響設計的豐田泰久先生的教導下，嘗試過幾回的試誤設計。

一開始，紙管是以橫擺的形狀構成整體的天花。然而，顧問建議將紙管的空洞面應避開音響，改為將紙管以輪狀切割的方式，收納在六角形製成的框架內（參考第14頁的照片）。因此，音響可以通過紙管，接著傳遞到天花後再將其反射。牆壁及出挑座位席下方的天花共有3

坂茂（Shigeru Ban）
坂茂建築設計代表。1978年南加州建築學院入學，1984年庫珀聯盟學院建築學部畢業。1982年開始在磯崎新事務所工作，1985年設立坂茂建築設計。2011年開始任教於京都造形藝術大學，擔任教授。2010年獲頒法國藝術文化勳章，2014年獲得普利茲克建築獎。（照片提供：山田慎二）

種不同樣式〔照片2〕。這是因為預算有限，因此利用木造合板所組合出來的形式。雖然製作過程較為費時，但能有效壓低材料費，並且用同一種類的木合板就能編出波浪狀。

至於為何會有3種不同的樣式，是由於跟音響設計的豐田先生討論過後，區分音響反射區以及吸收區之不同所致。例如在客席後方，將板縱橫交錯擺放，內部加入吸音材。

木構架簡化接合部

——木構架所包覆的音樂廳，為何會呈現六角形及三角形並列的組合形狀。

2010年完工的龐畢度中心梅斯市分館（法國梅斯），屋頂也是在相同動機下使用此方法。為何會如此頻繁的使用，原因在於只有六角形構造無法提供水平剛性，加入三角形構造後可提高水平剛性。

反之若完全以三角形組合，一個接合處則有6根木構件交集，增加接合部的複雜度。如果以六角形與三

〔照片1〕木構架的玻璃圓頂
2017年4月22日開幕，位於法國塞納河之河中島的音樂廳建築La Seine Musicale。（照片：武藤聖一）

〔照片2〕利用波浪成形的合板吸音
古典樂專用廳客席後方的牆壁。利用合板編織成網的方式組合，整合吸音材於內。共有3種不同類型的波浪成形。（照片：武藤聖一）

〔照片3〕完全不使用金屬接合件的木組構
古典樂專用廳AUDITORIUM施工時的外廊。完全不使用金屬接合件，僅用木材組構。
接合部簡化到可直接以4根木構件組合。（照片：本刊）

〔照片4〕與現場工作團隊的緊密合作
坂茂先生（左）與Shigeru Ban Architects Europe的法
國籍合夥人Jean de Gastines合影。（照片提供：武藤聖一）

角形混搭組合，則接合部可簡化到以4根木構件組合〔照片3〕。

再怎麼複雜的接合部都可以金屬來接合，但是金屬接合物卻是最花錢的部分。另外，如果使用金屬接合物的話，可以說就沒必要使用木造。

最近常有木造與鋼構等系統一起使用，木造本身並非合理的存在的案例。但是，對我而言若非挑戰只有木造本身才能發揮的構造極限時，一切就變得不是那麼有趣。

限制中的獨特性

並非只有「La Seine Musicale」此建築，我想盡可能在木造可以使用的地方使用木材。在海外執行項目時，木造是所有工法中施工精度最高的。

例如現場澆灌的混凝土，在最後完工時均很難確保其品質。尤其海外的項目施工圖並不多，與當地建設公司的會議也較難進行，十分辛苦〔照片4〕。

瑞士Biel（Bienne）建設中的Swatch新總部，因完全為木造所以可以較安心的交代給當地的建設公司。木材只要能以圖面呈現，3D的形狀也能用機械正確加工，並且精度高，速度快。

不論是紙或木，均是使用上具有限制的材料，在限制條件下可以發展出什麼新的概念是我想做的事。

鋼是一種萬能的材料，大概什麼都能製作。因此，表現任何造型都是相對簡單的事。

然而使用紙或木此等相對較弱的材料，就必須思考對於材料造型最適當的工法，或是接合部。雖然設計上有所限制，卻更能表達材料性質本身所發展出的建築。

〔照片5〕Swatch新總部為木造網格薄殼
位於瑞士施工中的Swatch新總部，網格薄殼施工現場。
（照片：本刊）

〔圖1〕以玫瑰為概念發展的木造屋頂

摩洛哥預定建設的纜車車站的完工透視圖。圖面為競圖時的圖面，現在已完成政府核准後的階段。（資料提供：Artefactory Lab）

歐洲加工技術令人驚豔

——「使用木造是追求高品質的開始」是從什麼時候開始領略的。

是從在歐洲開始進行設計工作時的體悟。施工廠商在執行施工與日本稍有不同。在與專門執行木造施工的Blumer-Lehmann合作過後，對於其高水準的加工技術深感震驚（參閱第28頁）。因為利用電腦模擬分析，因此加工工程亦可用程式編碼執行，複雜的3D形狀也可加工切削來實現。

這家公司在確認執行Swatch新總部的工程項目後，即著手開發木材的加工機械，在距離瑞士蘇黎世車行約1小時的地方，建設巨大的加工廠。在那裡完美加工後的木材，直接運送到現場進行簡易的組裝工作，親眼見過後速度確實很快。施工架也是全木造。

諸如此類的事情，如果不親自到現場或是工廠工作過是無法了解的。因此如此諸類的事情我一定是不假他人，大約1個禮拜到巴黎事務所一次，並親自到施工現場。在歐洲的工作讓我學習很多。當時很多用過心力的事情及經驗，都可在下次的項目中延續。

——今後也想繼續在歐洲積極的挑戰木造建築嗎。

法國是一個就算沒有對特定功能建築有實際設計經驗，也會給予機會的國家。我因為在日本與美國有事務所，本來就較容易在日本或美國取得設計項目。但是，完全沒有音樂廳的設計經驗，也無法參加當地音樂廳的設計競圖。

雖然在施工現場非常辛苦，但從今以後還是想在法國繼續努力的原因，是因為當初即使我沒有任何音樂廳設計經驗，但還是擁有競圖機會有關。

另外，從「龐畢度中心梅斯市分館」項目開始約10年間，包含現在的合夥人在內已經建立一群很優秀的團隊。在歐洲學到了很多，並一步步累積人際關係和實績，最近也感受到有機會想繼續做下去的感覺。

最近，在歐洲執行的木造項目中的其中一項，就是在摩納哥預定建設的纜車車站〔圖1〕。預定2020完工，現在剛完成初步設計。

基地位於王宮的下方，利用木架構重複交疊組合出玫瑰花瓣的形狀。透過免相交錯疊合進行補強，利用較短木材亦能成立的構造型態。

日本國內也有執行中的木造項目

——日本國內亦有多件坂茂先生正在執行中的項目。接著介紹幾個利用木造的獨特性執行的項目〔圖2〕。

〔圖2〕日本國內的木構架

A：靜岡縣富士宮市建設預定「富士山世界遺產中心（暫定）」完工示意圖。木構架在水面映照，仿如看見富士山的設計概念。（資料提供：A～C由坂茂建築設計）
B：大分市竹田市建設預定的「溫泉利用型健康增進設施（暫定）」。同時附設住宿棟及餐廳。
C：大分縣由布市建設預定「Tourist Information Center, TIC」完工示意圖。亦設置可遠眺由布岳的展望台。
D：靜岡縣牧之原市建設預定「富士山靜岡空港旅客航站（暫定）」。由於成本及工期的關係，2014年根據提案設計進行大幅度修改。

靜岡縣富士宮市的「富士山世界遺產中心（暫定）」（2017年10月完工），利用上下倒置的木架構表現富士山。主要概念為利用水面倒映出富士山的形狀。利用3D曲面模擬技術，使得木造施工上更容易進行。

木造部分由山形市的株式會社Shelter公司施工。此公司由Blumer先生介紹並引進3D機械加工技術，富士山世界遺產中心即使用此機器加工。

另外還有大分縣的竹田市「溫泉利用型健康增進設施（暫定）」（預定2018年夏季完工），由布市的「Tourist Information Center, TIC」（預定2018年1月完工）。

並非所有設計都能應用此類較為困難的技術。為了讓沒有3D加工機器的當地企業可以順利施工，只能應用2D的彎曲方式。從別的地區或是海外加工後再運送過來，成本會大幅增加。

在地化的日本木造

——存在只有日本才擁有的木造技術嗎？

並沒有。二戰後，日本已經完全放棄木造。另外，還有利用埋設炭化層來止燃此類不合理的法規。這麼做的話，不就只能做出只在日本能流通的產品。

雖然海外對於木造亦有所限制，但相較於日本不必要的限制，似乎只是為了創造出木造技術在地化的感覺。

靜岡縣牧之原市的「富士山靜岡空港旅客航站（暫定）」（預定2018年10月完工）此項目，原本提案應用扭轉的木造集成材拱，是世界最新的技術。

然而，此技術需要應用的3D加工機械。前述Shelter公司雖然擁有此技術，但只有一家公司因此無法負擔如此大的生產量，成本及工期都無法克服而難以實現。只留下木造屋頂，其他設計均大幅修正。

變更設計後，採用應用在神奈川縣箱根町「仙石原住宅」（2013年完工）的相同工法，減少大樑的使用量進而呈現出連續的空間。然而扭轉的木構造，我一直想在日本國內的其他項目中挑戰。

（採訪：菅原由依子）

隈 研吾 | KENGO KUMA

相較於堅持「木木組構」的坂茂先生，隈研吾先生則是利用木及鋼、或碳纖維
等性質相異的材料組合，利用新的表達方法突破木造的可能性。接下來將介紹
分別在瑞士以及巴西，兩個環境差異極大的地點所實踐的木造建築案例。

➕ EPFL ArtLab 瑞士‧Lausanne

設計：EPFL　設計者：隈研吾建築都市設計事務所、HolzerKoblerArchitekturen　施工：MartiConstructionSA,Lausanne

與壁體連接綿延240m的大屋頂
並列的木─鋼三明治構架（Sandwich Frame）

利用木造的大屋頂將3棟建物覆蓋。
由隈研吾先生於洛桑聯邦理工學院（EPFL）校園內設計。
利用木-鋼混構的三明治構架實現與壁體連接的複雜型態。

EPFLArtLab 的夜景。
（照片提供：MichaelDenance／EPFL）

〔照片1〕透過大屋頂連結學生宿舍及校園
隈研吾先生的設計主軸，位於洛桑聯邦理工學院校園內的
ArtLab。南北綿延總長共240m的長屋頂。

〔照片2〕木板壁面施以經年加工
為了搭配瑞士嚴酷氣候下長年耐久的感覺，利用經年加工的方式呈現壁面。

〔照片3〕利用木屋頂將室內及室外連結
抬頭觀看大玻璃壁面延伸向上的天花後，即可發現室內及室外的木屋頂為一體成形。

　　南北綿延的木製長屋簷，是學生可散步聊天的場所。240m長的屋頂，為咖啡廳及美術館、研究展示室等3個不同建物間互相串連的通道。這座以長形屋頂為特色的建築設施是由隈研吾建築都市設計事務所及Holzer Kobler Architekturen一起設計完成。此建築ArtLab位於瑞士的古都，洛桑郊外的洛桑聯邦理工學院（EPFL）的校園內〔照片1〕。於2016年11月開幕。

　　隈研吾事務所在2012年舉行的國際競圖中被挑選為設計師。ArtLab是隈研吾先生在瑞士第一棟設計的建築物。如同一棟長屋般的建築物，由灰色的壁面覆蓋著。色調在經過長年的風雪後，亦能愈趨沉穩的存在著。為了融入並低調地矗立於擁有多數古老建物的場所，木板表面採用經年加工的方式處理〔照片2〕。

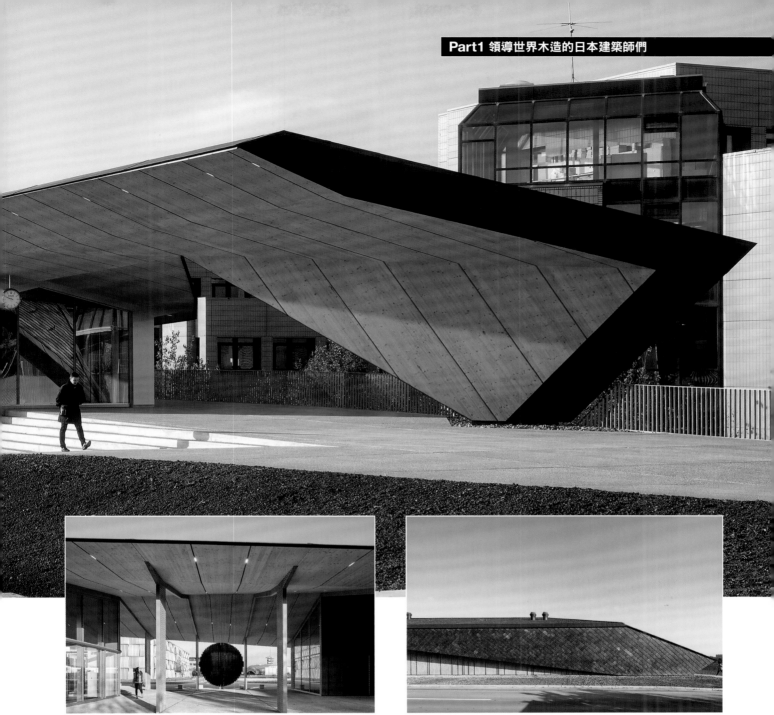

〔照片4〕建物與建物間以木造屋頂覆蓋
雖然美術館、咖啡廳、與研究展示室為3個不同機能的個別建物，透過長屋頂將3處空間連成一體建物。

〔照片5〕屋頂跟壁面呈現連續形狀
建築物兩端呈現屋頂及壁面連續成型的印象。

連結戶外廊道與室內的木造天花

在EPFL中負責處理ArtLab此項目的Rack Meyer協助導覽了本棟建築。進入室內後可感受到木材的香氣飄散。「戶外廊道及室內用同一種木材內外連接是本建物的一大特徵。

透過大片落地窗，可以清楚的感受的內外間木材相連的氛圍」Mayer說明〔照片3、4〕。建築物透過屋頂連接內外的設計手法，隈研吾先生在根津美術館（東京都港區）也同樣使用過。EPFL中負責管理建築計畫的Paris Stanton，對於南北兩端的屋頂

型式給予極高的評價〔照片5〕。「扭轉形狀的屋頂在施工上是一大挑戰。正因為木材屬於可以柔軟地加工的材料及構造，才有可能設計如屋頂及壁面連接成形般複雜的形態」Stanton如是說。

此造型是由集成材的梁柱間以鋼

〔照片6〕EPFL的校園是一座建築展示館
照片上部為蕾夢湖區（Lac Léman）。左手邊為SANAA設計的勞力士學習中心（Rolex Learning Center），右手邊則為隈研吾先生設計的ArtLab。照片左邊為Dominique Perrault所設計的EPFL New Mechanics Hall。（照片提供：Adrien Barakat／EPFL）

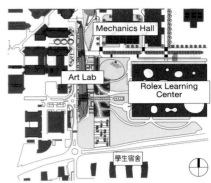

〔圖1〕與東邊的大建築相視而立
EPFL校區地圖。ArtLab與大量體建築遙望。
（資料：隈研吾建築都市設計事務所）

〔照片7〕「施工現場密集監造」
EPFL ArtLab設計執行的設計總監（右）及主任技師（左）。
（照片提供：本刊）

板補強而實現。屋頂下方亦可體驗木造構架的存在。透過這樣的手法，賦予建築物傳達人們的溫潤感。

為何ArtLab會選擇如長屋般一個大屋頂此類表現手法呢。環視四周及周圍的建築則可慢慢體會其中的奧秘。

背向校區南方的蕾夢湖，右手邊站立著SANAA設計的勞力士學習中心（Rolex Learning Center, 2010年竣工）。正面可看見由法國設計師Dominique Perrault所設計的研究大樓「Mechanics Hall」。而ArtLab就矗立在這兩座建築間相視而立〔照片6、圖1〕。

EPFL的校園可說是一座極具特色的建築展示館。「從勞力士學習中心的有機造型（RC造）、鋼構金屬材質外觀的研究大樓Mechanics Hall、到隈研吾先生設計的長木屋頂，可說是世上稀有的廣場空間」Stanton驕傲地說道。

EPFL在2000年開始，開始進行強化世界大學知名度的計畫。其中一項政策即為邀請名建築師進行校園規劃再生。在Dominique Perrault設計的校舍中做研究、SANAA設計的咖啡廳中聊天。接著，還可在隈研吾先生設計的展示室內體驗多元文化。這樣的EPFL校園規畫構想，終於在ArtLab的完工後得以實現。

與世界知名建築競豔的實力

2012年的國際競圖中共有15家知名事務所共同參與。雖然其中有很多針對3種不同類型建築物的匠心提案，然而隈研吾事務所的長屋設計概念獲得青睞。設計重點為「人流」的處理。

　　隈研吾事務所中負責ArtLab整體設計的設計總監提到，「由於北側為學生食堂，南側為學生宿舍。學生們一天至少有2次往返此處的機會，因此將此處以『大通道』的概念去思考至關重要〔照片7〕。」當然，也必須要考慮到SANAA及Dominique Perrault所設計的作品。對於必須面對如此具有特色建築的新設計而言，「一定要有與其對抗的強度。」設計總監如是說。所面對的勞力士學習中心，總樓地板面積約37,000 m²。然而，ArtLab的總樓地板面積還不到其1／10約3,500 m²。

　　「為了表達不亞於寄存建築物的氣場，如果僅以個別的建築來呈現恐怕是不夠的。因此大屋頂的概念也在此想法下應運而生。」設計總監提到。

　　由3棟建築物所連接而成的ArtLab，在北側的短邊方向是建築幅長最短的邊。最窄邊僅有5m。南側的短邊最寬幅長為18m〔圖2〕。設計基本原則為間隔3.8m的跨度間，設置木及鋼合成的混構造構架〔圖3〕。

　　結構構架是由鋼沖孔板如三明治般把木柱及木樑夾在中間的模矩組成。

　　模矩為深66cm厚12cm。構架厚度雖然在柱樑斷面上為固定值，透過

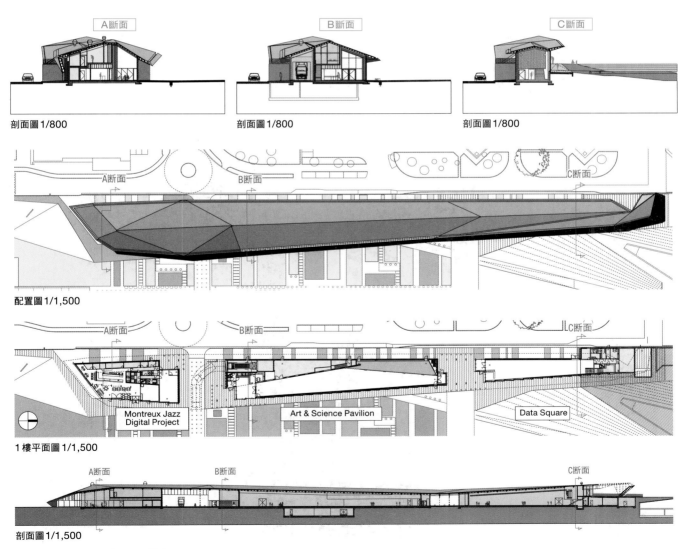

A斷面　　　　B斷面　　　　C斷面

剖面圖1/800　　　剖面圖1/800　　　剖面圖1/800

A斷面　　　B斷面　　　　　　　　　　　C斷面

配置圖1/1,500

A斷面　　　B斷面　　　　　　　　　　C斷面

Montreux Jazz Digital Project　　　Art & Science Pavilion　　　Data Square

1樓平面圖1/1,500

A斷面　　　B斷面　　　　　　　　　C斷面

剖面圖1/1,500

〔圖2〕東西向跨距由5m至最大18m
大屋頂的最北側東西向的跨距最為狹窄。（資料：本頁及下頁均為隈研吾建築都市設計事務所）

〔圖3〕柱梁以等間隔模矩配置

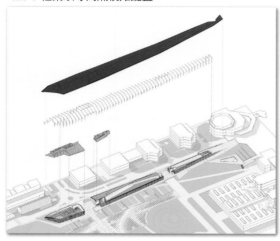

南北向配置的柱間隔，在建築物的短向剖面上除了車道距離外，統一為3.8m。

〔圖4〕利用鋼材的厚度調整不同跨距

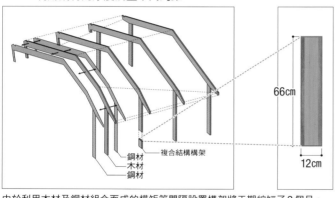

66cm

12cm

複合結構構架
鋼材
木材
鋼材

由於利用木材及鋼材組合而成的模矩等間隔設置構架將工期縮短了3個月。柱樑斷面統一為深66cm寬12cm。為了因應較長的跨距，透過調整鋼材的厚度來適時補強構架強度，滿足跨距需求。

〔照片8〕木材及鋼材的組合模矩
當初的設計以面對經年劣化下表現較佳的鋁材而非鋼材。然而，因為鋁材的收縮膨脹較鋼材大，因此不予採用。
〔照片提供：KKAA／EPFL〕

貼附在木材上的鋼材的厚度，調整並因應不同跨距的構架。這是由於不管是美術館或咖啡廳等，短邊的跨距在較寬廣的空間中則需要較強的強度所致。尤其在南側的短邊有著大跨距的空間，在此模矩下鋼材的厚度就會大幅增厚〔圖4、照片8〕。

由鋁材變更為鋼材

本案的設計總監，在當時的競圖階段建議以面對經年劣化下表現較佳的鋁材為主。然而，最後則選擇了鋼材。原因是考量了溫度變化下所伴隨的膨脹與收縮。

洛桑在夏季較為炎熱，然而冬季酷寒。在木材與鋁材接合的實驗中，發現鋁材在溫度變化下有較大的膨脹與收縮，並不適合用來與木材結合。因此，則以溫度變化下形狀變化較小的鋼材進行模矩化設計。由於鋼材價格較鋁材便宜，因此也在降低成本上取得較佳的結果。

然而，施工上並不如普通工法般順利。「一開始鋼材與木材間的接著劑因為擠壓而溢出。有時候也有表面殘膠的情形發生，對於一直無法得到理想中的模矩構件十分苦惱。」隈研吾事務所的主任技師提到。也因為如此，為了確認模矩構架的試作單元是否成功，也往返巴黎及洛桑間「7、8趟」之多。

為了實現嶄新設計在模矩構件的

〔照片9〕表達尊重瑞士傳統建築使用石瓦疊砌的屋頂
隈研吾提到:「主要概念源自於瑞士山岳地區常見的石瓦疊砌屋頂。」
〔照片提供:KKAA／EPFL〕

〔照片10〕屋頂的雨水不沿著屋簷滴落
雨水沿著屋簷滴落到步道若是結凍可能會造成危險,因此在接近屋頂
前端的地方先設置水平方向的排水溝來汲水排水。
〔照片提供:MichelDenance／EPFL〕

EPFL ArtLab

■所在地:洛桑聯邦理工學院(EPFL)院區內(瑞士洛桑)■主用途:美術館、展示空間、咖啡廳、會議室■建蔽率:17%■容積率:26%■正面道路:6m■停車數:無停車場■基地面積:13,500 m²■建築面積:2,300 m²■總樓地板面積:3,500m²■構造:木・金屬構架＋ 鋼筋混凝土壁體■樓層數:地下1樓・地上2樓■防火性能:EI30■各層面積:地下1樓570 m²,1樓2,315 m²,2樓615 m²■基礎:鋼筋混凝土地中樑基礎■樓高:最高高度9.5m■業主:洛桑聯邦理工學院■設計:隈研吾建築都市設計事務所、Holzer Kobler Architekturen■施工:Marti Construction SA, Lausanne■工期:2014年10月～2016年8月■開館日:2016年11月■門窗裝修:經年變化加工完成的木材(日本落葉松)■外牆:混凝土鏡面加工

精度要求上也較高,也因此相對較費時。正因為如此,比起在現場一一組裝施工,事先在工作室進行模矩構件預組裝接著再依序進場施工,在成本上較具優勢。「由於使用模矩構架的工法施工,工期才得以縮短3個月。也因此,才能有效控制成本。」(主任技師)

事實上,在模矩構架中使用的鋼材也具備補強樑柱的重要任務。排水管道也隱藏地吊掛設置。這種做法也與洛桑的氣候有關。

使用黑色石材的石板屋頂,遠眺之下前端的部分呈現如紙般輕薄的意象〔照片9〕。下雨時彷彿雨滴就會沿著屋頂滴落屋簷般。然而,在洛桑卻不允許讓雨滴沿著屋簷自然滴落,原因在於冬天時凍結的雨滴會使路面像滑雪道般危險。因此,在接近屋頂前端的部分,必須沿著水平方向預先設置排水溝〔照片10〕。蓄積的雨水再沿著垂直的排水管排出。排水管可以隱蔽於鋼材內,實現不影響屋頂美觀的設計。

隈研吾先生在瑞士旅行時,將源自於瑞士山岳地區常見的石瓦疊砌屋頂應用在設計手法上。意在表達對瑞士傳統建築的敬意,透過表達木材及石材的存在感而生的建築,將已有著名建築林立之EPFL的評價推向另一個高度。

(撰文:江村英哲)

Japan · House São Paulo 巴西・聖保羅市

業主：日本外務省　設計：Brazil戶田建設、FGMF、隈研吾建築都市設計事務所　施工：Brazil戶田建設、中島工務店

源自日本的木組構門

30mm厚的檜木板斜向嵌合

橫跨36m的木組構門廊，是以超過620片30mm厚的板材組構而成。
門廊本身是一座可自立的結構體。
為了呈現出如「霞（かすみ）」般的朦朧美，利用水平及垂直板材斜向嵌合。

照片右手邊為2017年5月6日在巴西開幕的「Japan・House São Paulo」正面開口面向聖保羅市的主要街道聖保羅大街（Avenida Paulista），木組構門廊彷彿漂浮其中而立。（照片：特別註記之外均由Japan・House São Paulo事務所提供）

49

〔照片2〕利用薄材表現「粒感」
面相主幹道以板材斜向嵌合。雖然結構上而言較為不利,「反而呈現出一片一片薄板材所呈現出的粒感」隈研吾先生說道。

2017年5月6日在巴西聖保羅開幕的「Japan・House São Paulo」,位於主幹道聖保羅大街(Avenida Paulista)上。主要由隈研吾建築都市設計事務所設計監造完成。由檜木門廊覆蓋橫跨36m的建築物為其主要特徵(照片1、2)。木組構門廊雖然是為了搭配既有建築物而設置,然而整體而言也是一座可自立的構造物。

〔照片1〕利用具日本代表性的木組構傳達日本文化
木組構的門廊全長達36m。使用了620片30mm厚的檜木板材。

「Japan‧House」為日本外務省為了向外發揚日本文化而設置的海外據點及設施，聖保羅市為首當其衝的第一彈。Japan‧House的總執行長由現任日本設計中心的原研哉先生擔任。繼聖保羅後，另外還有目標在2017年中預定開館，位於英國倫敦、美國洛杉磯的同樣設施。

限研吾建築都市設計事務所在2015年夏天，與主要負責創設‧營運、擔任電通、設計施工的 Brazil 戶田建設組成團隊參加了本次競圖，並贏得了位於聖保羅的此項目。「最能傳達日本的東西，我想就是木材了吧。說到日本木材就不能不提檜木。希望可以讓巴西人也感受到檜木的質感及香氣。」限研吾先生在此部分設計特別加大力道。

除了多功能室以及會議討論室、另外還有擺設日本傳統工藝品的商店、提供和菓子等的咖啡廳等，提供日式飲食的餐廳所組成。由當地銀行所持有的建物，1樓到3樓進行部分改修，木組構的門廊之外的1樓外土間及坪庭等、以及3樓的露台空間等都進行了翻修。

約620片的檜木板斜向嵌合

木組構門廊的構造，主要為約620片30mm厚的板材組構而成。

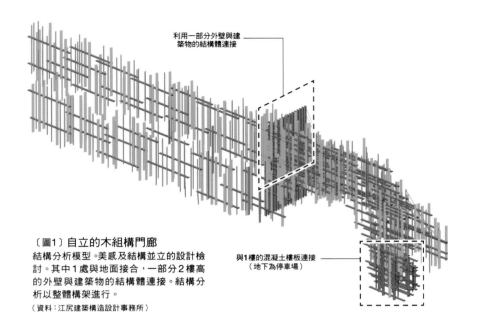

〔照片3〕板材採斜向嵌合
木組構的細部。主要由30mm厚的檜木板斜向嵌合。

〔圖1〕自立的木組構門廊
結構分析模型。美感及結構並立的設計檢討。其中1處與地面接合,一部分2樓高的外壁與建築物的結構體連接。結構分析以整體構架進行。
(資料:江尻建築構造設計事務所)

利用一部分外壁與建築物的結構體連接

與1樓的混凝土樓板連接(地下為停車場)

〔照片4〕透過材料組構確保結構強度
與地面接合的基礎部位「在設計檢討的過程中,鋼、現地供應的香豆木、日本的檜木等材料所搭配的層次應運而生。」(江尻憲泰)(照片提供:隈研吾建築都市設計事務所)

其中1處與地面接合,一部分2樓高的外壁與建築物的結構體連接〔圖1〕。

主要板材尺寸長3,600mm,板寬則使用了165mm及150mm此2種尺寸。板材構造中最深且最重的部分,即面向既有建物縱深達37層的部分。水平材及垂直材均以斜向嵌合組成〔照片3〕。

「為了在既存建築物前面製造出如霞般屏幕的印象,因此考慮用薄板材的方式來組構完成。保有纖細及構造兩者並存的設計手法,是不存在其他國家僅僅日本才有的特色。」(隈研吾)

面向主幹道以板材斜向嵌合的構造形式雖然結構上較為不利,「反而呈現出一片一片薄板材所呈現出的粒感」隈研吾先生說道。加上主幹道上的視覺景觀、以及考慮從內部穿越開口部的視覺景觀,由美感及結構等設計觀點切入精細探索板材配置的可能性。擔任木組構門廊結構設計,江尻建築構造設計事務所的江尻憲泰代表提到,「重覆進行如幾萬平方公尺建物般的結構分析」。

〔照片5〕與當地材料混搭
主要道路上的入口景象。中央入口可見由巴西特有花種意象轉化而成的花磚裝飾牆面。

〔照片6〕屬於巴西的「花磚」
右邊是原創的花磚外壁。由高強度纖維補強混凝土製、700mm矩形的單元與單元間以端部接合而成的式樣。

利用碳纖維拉桿抑制變形

會反覆進行設計檢討其中一個原因為，當地強烈的風速。東京23區的基準風速為34m／秒，然而巴西的基準風速為40m／秒。為了對抗現場的風速，地面與基礎接合的部分在混凝土基礎上預埋鋼板，在此鋼板的上部首先以比重較重的南洋材香豆木嵌合，增加接合強度〔照片4〕。香豆木是由當地提供。「美感及結構、以及在施工檢討的過程中，鋼、現地供應的香豆木、日本的檜木等材料所搭配的層次應運而生。」（江尻憲泰）

此外，由於碳纖維拉桿的導入使得項目可以順利推展。在單懸臂的部分等於中心架設碳纖維拉桿，可以有效地抑制變形。

在美感及結構兩者共存的設計決定後，在日本進行預切後的板材進行最後的組裝確認。檜木板材做完編號後分解，接著再運到現場組裝。

在工地現場，是由日本職人負責組裝完成。整個組裝大約花2週的時間。

「大宰府的星巴克（2011年竣工）、甚至是表參道微熱山丘Sunny Hills（2013年竣工、參閱96頁），都是用60mm角材的木組構完成，本次則是以30mm厚的板材完成。對於操作原理也感觸更深。下次想挑戰將建築做成圓圓的形狀」隈研吾說道對未來的展望。

使用巴西式樣的花磚

進入木組構門廊的外土間，可看到2樓外壁裝飾著一片花磚，形狀概念於自於巴西東北部材可看見的特有花種（照片5、6）。「巴西的奔放在透過我的詮釋後，再加上日本的纖細。其中也包含了日本與巴西的合作。」隈研吾先生說道。

此花磚與沖繩常見的花磚功能相同，可做為遮蔽日曬以及通風的功能。原創型式的花窗是由高強度纖維補強的混凝土製品，每一個單元都是700mm的方形。花磚單元的端部與相鄰單元重疊成形，並非以單元交疊感而以「面」的方式呈現。

（撰文：谷口りえ）

Japan · House São Paulo

■**所在地：**巴西聖保羅市 ■**主用途：**多功能館、多媒體展示館、商店、咖啡廳、餐廳、藝廊、會議室、事務所 ■**面對路寬：**南面28m ■**停車數：**20輛 ■**主設計·施工樓板面積：**2,244.03 m²（內部1,790.40m²，外部453.63m²）■**構造：**RC造 ■**樓層數：**地上3層 ■**樓高：**最高23.5m、簷高23.5m、樓高4.66m（1樓）、3.71m（2、3樓）、天花高4.43m（1樓）、3.49m（2樓）、3.51m（3樓）■**主要跨距：**10.8m×8.475m ■**業主：**日本外務省 ■**設計：**Brazil 戶田建設（設計·施工）、FGMF、隈研吾建築都市設計事務所（設計監修）■**設計協力：**江尻建築構造設計事務所（木組構門）、Mina Montagens（設備）■**監造：**Brazil 戶田建設、FGMF ■**施工：**Brazil 戶田建設、中島工務店（木組構施工）■**施工協力：**Mina Montagens（空調）、Mina Montagens（衛生）、小林康生（和紙塗布伸縮縫金屬板製作協力）■**營運：**Japan·House São Paulo事務所 ■**施工期間：**2016年6月～2017年3月31日 ■**開館日：**2017年5月6日

著眼於從未出現過的嶄新木型態

新國立競技場、涉谷車站再開發、品川新站等，負責象徵著東京大改造三大項目的即為隈研吾先生。
在這三大項目中，新國立競技場、品川新站使用大量的木材。
他認為這是日本泡沫經濟後「失落的十年」的轉捩點。

——如何解析近年來對隈研吾先生委託的項目持續增加。

其一為雖然我極力倡導今後是「木造的時代」，然而也是因為社會的期待而致。另一個背景因素為，期待可以在世界上發揚「日本美學」的人們委託了我來做這件事。

如同日本泡沫經濟時代，大量的海外建築師被委託在日本設計海外風格強烈的建築物，絕對不會形成一個有魅力的日本都市，日本也不會變強。這是日本人所學到的事情。因此追求成為一個可以發揚日本到世界的人。雖然抱持此類想法的人在我身邊為數不少，反而是我設計的建築，讓海外的人更能感受到「日本」這件事。

隈研吾（Kuma Kengo）
1954年橫濱市出生。1979年東京大學大學院修了。1987年空間研究室成立。1990年隈研吾建築都市設計事務所設立。2008年Kuma&AssociatesEurope（Paris）設立。2009年東京大學教授。（照片提供：山田慎二）

——話說回來，隈研吾先生在1990年代，已經歷過在東京幾乎沒有項目的年代。

10年間，在東京完全沒有任何的建築項目。不論是日本經濟也好、或是我的人生也好，都是「失落的十年」（笑）。

——大概就是從「M2」（1991年）（照片1）開始到「ADK松竹SQUARE」（2002年）期間對吧。在這之間，對於您現在可以如此活躍有什麼影響及改變呢。

在那之間，我慢慢地做了幾個地方上的小項目，也認識的一些木造大工、左官、和紙等職人，慢慢發覺到存在那些技藝裡的趣味感。也因此大大地改變了我的想法。

在那之前就像設計出如「M2」這樣的代表作般，覺得如果不能設計出

〔照片1〕後現代主義時代的代表性建築
M2（現為東京葬儀場）。聳立並面向東京環狀線八號線，是一棟有巨大柱的建築。1991年為馬自達（Mazda）公司旗下的子公司M2的總部大樓，現已改裝為葬儀場。（照片提供：礒達雄）

〔照片2〕因地方的車站設計獲得JR的信賴
2008年完工的JR寶積寺站（栃木縣高根澤町）的東西向通道。天花的照明設置在各個菱形單元的交接部分，目的在設計出日光從裂木中灑落的意象。（照片提供：吉田誠）

〔照片3〕「廣重」的木組構
那珂川町馬頭廣重美術館的外觀（2000年）。本項目和研究人員一起進行耐燃材的浸泡實驗，實現「耐燃杉」格柵。（照片提供：三島叡）

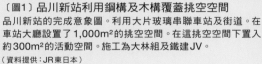

〔圖1〕品川新站利用鋼構及木構覆蓋挑空空間
品川新站的完成意象圖。利用大片玻璃串聯車站及街道。在車站大廳設置了1,000m²的挑空空間。在這挑空空間下置入約300m²的活動空間。施工為大林組及鐵建JV。
（資料提供：JR東日本）

吸睛的建築，就不配稱為一個建築家。在當時，根本沒有普通造型也可以是「特別的設計」此想法。

——「追求木質化的社會」落實於品川新站（2020年暫定開業預定）〔圖1〕。

過去，也曾經在JR的寶積寺站（2008年、栃木縣）使用木材進行設計〔照片2〕。雖然主結構是鋼構造，但在天花的部分使用了大量的木材。那個車站在JR中評價甚高。也因此對於品川新站想使用木材的想法獲得理解。本次設計主結構亦為鋼構造，接著利用夾著鋼構的木構造來組構屋頂架構。

轉捩點「廣重」及「竹之家」

——說到隈研吾先生的木建築，就得回溯到馬頭廣重美術館（2000年、栃木縣那珂川町）〔照片3〕。當時有預料到木材的活用會如同現在般蓬勃嗎。

對我來說轉捩點除了廣重美術館之外，另一個就是竹之家（2002年）〔照片4〕。大概是同一個時期設計完成的作品。

——位於中國的項目竹之家。

在我的建築作品中，最早受到海外注目的就是這2件作品。廣重美術館這件作品CNN還特別派專員來進行報導。竹之家也是用同樣的方式發表到全世界。

當時完全無法想像木造的時代降臨、是否會受到世界關注這些事。

如果用消去法來思考這件事，大概就是不想做跟前輩一樣的事情吧。例如因為安藤忠雄先生一直在進行清水混凝土的操作，所以我就不想碰清水混凝土。不論磯崎新先生或

〔照片4〕發揚到世界的「竹之家」
竹之家（「Great(Bamboo)Wall」、2002年）。多位建築師一同參與的Villa設計項目之一。
（照片提供：隈研吾建築都市設計事務所）

非常喜歡木這種素材，所以在2000年左右開始不由自主的有一股使命感油然而生。

——也因此與世界關注的焦點一拍即合。

的確如此。我的確沒預料到CNN會拜訪位於深山中的広重。也就意味著，這樣的作品的確是可以感動世界人心的。

竹之家亦然，當時決定以竹此類素材作為主題提案時，完全沒自信到底中國民眾會有怎樣的評價。這個項目是大約10人左右的建築師針對Villa設計的作品之一，一般認為中國民眾特別喜歡造型突出的建築類型，完全沒有信心像這樣的竹之家會不會無法吸引大眾的目光。然而結果卻跟預想完全相反，根據問卷調查的結果大家覺得這個作品是最有趣的。喜歡此類表現風格的中國民眾不在少數，也因為了解到年輕世代的群眾覺得此作品特別有趣，因此才有一拍即合的感覺。

「新國立競技場」 受到不同層次上的關注

——在東京進行中的其中一項大項目為新國立競技場。在2016年的發表會中，面對社會上多數的批評，雖然被質疑連自己都無法好好說明清楚的話這樣，是沒法令人接受的，在這一年間的反覆思考的過程中，如何面對社會輿論之間的關係。

比起社會的批判，我更驚訝收到

伊東豊雄先生正在做的東西，當然是很酷的操作，也是很棒的建築，但我就覺得我要做不同的東西。

因為有這樣的想法，才發現現代建築中並無專門以木作為素材的建築師。

木材這類素材，雖然有例如吉田五十八或村野藤吾等，專門以木作為素材的設計師，然而僅限於數寄屋此類型的建築，現代建築中並無專門以木作為素材的設計師。由於我自己是在木之家的環境下成長，

大量請考慮使用這些，不論是技術面、材料面、美感呈現面上等等，相關的email、樣品、文件等。

──與目前為止碰過的項目層次上不同嗎。

的確是不同層次（笑）。殘障設施或是通用設計的觀點上，也收到很多的意見。也收到了很多我以前所不清楚的事情上的意見。僅僅是聽取大家的意見就已經是耗費很多精力了。

關於聖火台的問題（例如奧運開始時聖火台到底該設置在哪的報導、或是聖火會不會導致木造屋頂燃燒的報導等），就連決定聖火台也收到了很多意見。意見之多幾乎到了可以辦一個小展覽會的地步。

──關於聖火台，我們也覺得竟然會受到如此的關心而感到訝異。隈研吾先生本身，覺得已經可以好好跟社會

大眾詳細說明了嗎。

非常幸運的，有電視台願意給予我們這個機會說明清楚。例如像「サワコの朝」（禮拜六早上的談話性節目）、或是情報報導的節目等（ワイドショー），因為有這些節目願意給我們機會我們才有機會親口說明及解釋。大家的反應也都很正面。我也才因此領悟，原來可以親自面對面說明解釋是一件重要的事。

一旦發生了什麼事，並無法用文字或書類好好的說明清楚，反而可以用親口說明「我就是這麼想的」。雖然親口說明多少還是會加入一些自己的意見，但是以聲音將想法傳達給社會大眾也事一件必要的事情。

──關於聖火最後怎麼決定，還沒有定論嗎。

的確是。在奧運開幕的1年半前，會由奧運開幕典禮的總體策畫單位決定，跟那位總體策畫談過後才會提出設計方針。也就是1年半前才會有明確的目標。

（訪談：宮澤洋，新國立競技場的屋頂架構請參照第186頁）

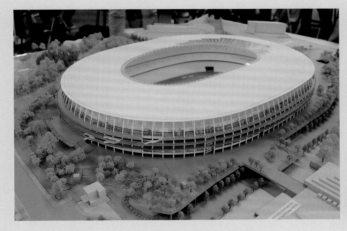

〔照片5〕「新國立競技場」受到不同層次上的關注
模型可見屋頂的主結構是以木構造及鋼構造複合結構系統完成。屋頂的部分材料選用具穿透性的素材。詳細內容參閱第186頁。（照片提供：本刊）

Part 2
領先日本的高層木造

主要結構採用木造完工的高層建築始於先進國家。

例如位於加拿大溫哥華，

主要結構以木構造為主的18層高層建築「Brock Commons」已經完工。

推動木造高層化的最大理由，為成本及工期在營建效率上的大大提升。

在英國倫敦，已經提出超過300m高的「木造超高層」建築構想。

日經建築 Selection
Wooden Architecture in the World

Brock Commons 加拿大·溫哥華

業主：University of British Columbia　設計：Acton Ostry Architects　施工：Seagate Structures（木造）

重視通用性的18層混構造
同時實現「世界最高」及短工期

在加拿大溫哥華完工的木造多用途高層建築。
雖然是混構造，主要構造部的柱與樓板均使用木造。
採用單純的結構系統，在簡單構架上進行橫向立面裝設作業。

〔照片1〕木造高層建築的實現
工程接近完工階段的Brock Commons。東側
立面可清楚看見柱及樓板以木構造為主。攝影
於2016年8月。
〔照片提供：KKLaw、naturally:wood〕

主要結構以木構造為主的18樓高層建築「Brock Commons」的施工工程，終於接近尾聲〔照片1〕。相較於其它主要結構以木構造來實現的建築而言，總高58.5m為目前世界第一的水準。位於加拿大溫哥華市內的英屬哥倫比亞大學，目前建設中的學生宿舍，即將在2017年6月提供學生使用（編按：本建築已於2017年7月完工啟用）。總建築面積達1萬5,115m²的學生宿舍，將提供約400位學生在此生活。

本建築設施，由加拿大天然資源部在2013年舉辦的競圖中脫穎而出。本次競圖的主題是以所謂的「Mass Timber」大規模木質材料，如何活用在高層建築中進行，目標為開拓北美森林資源的市場，以及利用固定二氧化碳（CO₂）達到環境保護的目的。

建築設計及結構設計分別由Acton Ostry Architects及Fast+Epp擔當設計，都是以溫哥華為主要據點的事務所。另外，在歐洲擁有高層木造建築實績及經驗的Hermann Kaufmann ZT亦擔任本項目的顧問一職。

由於體會到這是由國家力量所支援的項目，因此在本項目的設計中同時追求未來通用性的可能。亦即，設計出容易複製及應用的建築樣態至關重要。

考慮收縮的樓板設置

由於大量使用木材，應用在結構材上亦顯得高效率。然而，當應用在高層建築物的結構材時，則必須滿足建築法規中所規定的防火性能。Brock Commons所在的卑詩省，對於以純木造蓋7層樓以上的建築物限制極大。與因為如此，本建築項目則選擇以相較而言較容易實現的混構造進行設計。

基礎、1樓的柱、以及2座樓梯井均以鋼筋混凝土（RC）進行構築〔照片2〕。服務核的部分除了可以滿足防火規定，也可協助負擔地震或風力對建築物造成的水平力。

另一方面，2樓開始一直到17樓的柱均以北美花旗松集成材為主，樓板則是使用5層膠合的CLT（直交集成板）〔照片3、4〕。CLT則是由雲杉（Spruce）、松木（Pine）、杉木（Fir）組成的SPF。此外，主要斷面為26.5cm的方形柱以網格2.85m×4m配置，在於柱上裝設CLT樓板，呈現一簡單的結構系統〔照片5、6〕。讓相同類型的建築物都能以此方式簡單設計進行。

針對需要達到2小時防火時效的柱而言，利用簡單易用的石膏披覆此方法進行設計〔照片7〕。以3層厚16mm的石膏板披覆〔圖1〕。也因此，雖然建築內使用大量木材但也無法外露，室內僅能呈現難以感受到木材的空間。

「雖然還是有為了表現木質感的設計方法，然而還是得經過防火性能實驗的驗證。本次的建築項目，並無足夠的時間進行實驗檢證。」

擔任Brock Commons的設計一職Acton Ostry Architects的Russel

〔照片2〕首先建設RC造的服務核
在木造結構體開始組立之前，首先建設RC造服務核的施工照片。攝影於
2016年4月。並不僅僅為了提供火災時的逃難路徑，同時亦可負擔地震及
風所造成的水平力。

（照片提供：Acton Ostry Architects & University of British Columbia）

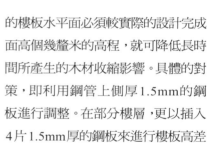

〔照片3〕2～17樓的柱與樓板以木材為主要材料施工
由於北美花旗松集成材較輕，可以人力搬運施工。攝影於2016年7月。

（照片提供：左下照片亦為Pollux Chung，Seagate Structures）

Acton提到，室內空間無法全面採用木造空間的情況，在此條件下已經明朗。

柱與柱之間的接合採用鋼構的接合件〔照片8〕。透過使用此接合件，可提升垂直荷重至柱間的傳達效率。此外，接合件也可擔任支承CLT樓板的機能。

由於大量使用木材，因此也必須考慮收縮所造成的影響。例如，建設時的樓板水平面必須較實際的設計完成面高個幾釐米的高程，就可降低長時間所產生的木材收縮影響。具體的對策，即利用鋼管上側厚1.5mm的鋼板進行調整。在部分樓層，更以插入4片1.5mm厚的鋼板來進行樓板高差的調整。

〔照片4〕樓板以CLT鋪設
與格子狀的柱位搭配，CLT鋪設中的施工景象。建築物施工用的木材，只需要搬入當天所需之施工量。攝影於2016年7月。

〔照片5〕規則且方整的柱列
選擇用最簡單的結構系統，同時達到現場施工的效率，以及建築設計上易於實踐的目標。攝影於2016年8月。（照片提供：KK Law，naturally:wood）

〔照片6〕石膏板披覆前的木質空間
防火處理前的建築內部空間，充滿木質感。攝影於2016年8月。
（照片提供：KKLaw、naturally:wood）

〔照片7〕為了達到防火性能而犧牲了木質感
在主要木結構柱外包覆了石膏防火披覆。CLT樓板上亦澆灌了4cm厚的混凝土板，為了抑制因重量引起的樓板震動及噪音。
（照片提供：伊藤みろ）

混構造與RC構造的差異性低

選擇混構造其中一個重要原因就是降低成本。管理整體UBC工程項目的基礎建設部（Infrastructure Department）的管理總監John Metras說道，「如果全面採用木質化設計則造價較高，若考慮實際面，部分使用混凝土是較為妥善的選擇。」

包含設計費的總體造價為5,150萬加拿大幣（約11億9681萬新臺幣）。與UBC校園中幾乎同樣規模，以鋼筋混凝土建設的建築比較，造價大約高出8％。然而，本次的項目由於是全新的設計型態，因此也增加了部分的顧問費用。往後由UBC本項目之學習到的控制及減少成本的方式，對大量使用木材的混構造而言，與RC造相較之下也開始具有造價上的競爭力。

相較於施工費用而言，更具吸引力的就是工期了。本項目的工程如果和其他相同規模的RC造建築比較後發現，工期大約縮短了4個月。大概是整體工期的2成。

工期所以大幅縮短其中一項原因在於，高效率的施工作業。Brock

〔圖1〕3層石膏板披覆

柱以及接合部以石膏板披覆的概念圖。（資料提供：ActonOstryArchitects）

〔照片8〕利用接合件傳遞荷重
柱間以金屬接合件連接。此接合件不僅用來傳遞垂直載重，如左圖中央般也具有支承CLT板的機能。照片為mockup時的連接件照片。
（照片提供：StructurlamProducts）

Commons的設計上，採用設計上較為單純的模矩單元結構系統。反覆相同施工作業的情況下可提高施工效率。

另一個原因則為資材管理技術ICT（Information and Communication Technology）的活用。預製的木造構件，在裝設位置上均埋設電子感應器（IC Tag）。不僅不會對現場施工造成疑惑，更可輕易的追求高效率。另外，建築資材只搬入當天組裝所需的部分至現場，可將資材放置場最小化。

由於室內空間無法呈現內裝木質化的美感，因此期望能在外觀上感受到木質化的立面。其一手法則為立面的外裝板〔照片9〕。立面外裝板使用高壓處理過後的木纖維板。

〔照片9〕立面呈現木質化
立面外裝板使用高壓處理過後的木纖維板。藉此強調木質化的意象。攝影於2016年7月。（照片提供：Acton Ostry Architects & University of British Columbia）

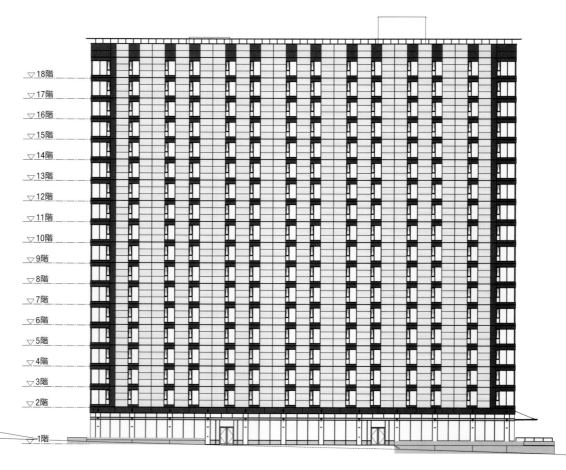

▽18階
▽17階
▽16階
▽15階
▽14階
▽13階
▽12階
▽11階
▽10階
▽9階
▽8階
▽7階
▽6階
▽5階
▽4階
▽3階
▽2階
▽1階

立面圖 1/500

此外，更在鋼構造的最上層使用木質化的內裝。1樓也架設木質感強烈的遮雨棚。遮雨棚預定使用CLT。

耐用年限100年以上

從一開始的結構材，Brock Commons一共使用了2,233m³的木材。使用木材所減少的CO₂排放量達243萬2,000噸。相當於在加拿大511輛車1整年的總排放量。

UBC期望Brock Commons的耐用年限至少可達100年以上。在這段時間，原本儲藏在木材內部的二氧化碳就可以固定在建築中。另外，由於木材的斷熱性能較RC高，因此UBC對於本棟建築在削減空調及能源使用量上寄予厚望。

「實現簡單合理的設計。對於溫哥華的發展商而言，不就可以在造價合理的經濟條件下，實現同樣規模大小的項目。也證明了木材在實用範圍的廣度。」John Metras信心滿滿的說到。（Media Art League：伊東みろ、Andreas Boettcher）

Brock Commons 第1期

■**所在地**：6088 Walter Gage Road, University of British Columbia, Vancouver, British Columbia, Canda ■**主用途**：集合住宅（包含私有及公共學習空間）■**容積率**：550% ■**基地面積**：2,730m² ■**建築面積**：840m² ■**樓板面積**：15,115m² ■**構造**：RC造（1樓及樓梯間）、木造及鋼構造（最頂層）■**樓層**：18樓 ■**樓高**：最高58.53m ■**業主**：University of British Columbia ■**設計**：Acton Ostry Architects（建築）、Fast+Epp（結構）、Architekten Hermann Kaufmann ZT（木造高層建築顧問）、GHL Consultants（火災科學・建築基準）、RDH Building Science（建築科學）、Stantec（機械・電機・永續）、CADmakers（視覺設計模擬）、EnerSys Analytics（能源消耗模擬）、RWDI（音響）、GeoPacific Consultants（地質調查）■**項目管理**：UBC Properties Trust ■**施工管理**：Urban One Builders ■**施工**：Seagate Structures（木構造組立）、Whitewater Concrete（模板）、Centura Building Systems（預製外裝用板）、Structurlam Products（結構用木質資材及工程木材）、Raven Roofing（屋頂）、Phoenix Glass（窗及帷幕牆）、Trotter and Morten Building Technologies（機械）、Protec Installation Group（電機）、Power Drywall（輕鋼架及乾式外掛牆）、JSV Architectural Veneering and Millwork（木工構件）、Hapa Collaborative（景觀）、Kamps Engineering（土木）■**設計期間**：2015年1月～9月 ■**施工期間（第1期）**：2015年11月～2017年5月 ■**總戶數**：305戶（單人房：272戶、4人房3戶等）■**總造價**：5,150萬加拿大幣

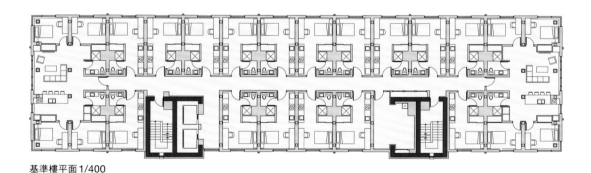

基準樓平面1/400

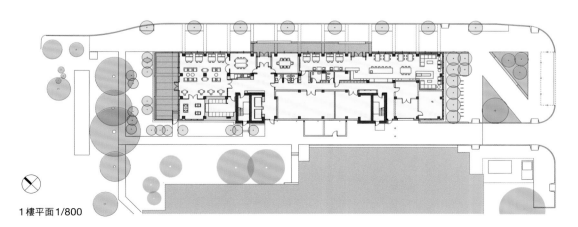

1樓平面1/800

Now Renting · AxisUBC.com

《世界新式高層木造建築設計》

【專有名詞統一說明】

防火批覆、防火披覆，應為防火**被覆**

（書中出現頁數：P.7、P.61、P.63、P.72、P.73、P.74、P.97、P.126、P.153、P.163、P.174、P.177、P.181、P.191）

【數據勘誤】

P.70　27 萬日幣（**約 75,300** 新台幣）

接近完工時的狀態。攝影於2016年12月。
（照片提供：伊藤みろ）

向Brock Commons建築項目的業主方，英屬哥倫比亞大學（UBC）基礎建設部（Infrastructure Department）的John Metras，針對本項目的過程及代表意義進行訪談。

—— Brock Commons大量使用木造的背景為何。

Brock Commons本項目，是由加拿大政府舉辦的競圖中選出的設計。是以木材做為建築主要材料的競圖。

主要目的，是希望利用CLT（直交集成板）此種大規模木材（Mass Timber），做為高層建築的主要材料。接著，希望本次設計的成果，可當作相同規模的建築物都能通用的建築類型。因為如此，Brock Commons成為了一個設計簡單，在任何地方都能輕易實踐的建築設計。

——木造高層的話，預算核算上不是較為嚴苛嗎。

不僅是設計，也期望設計出在經濟條件下造價合理的建築物。這樣的成果，才是Brock Commons的最終目標。可以驗證Mass Timber是一種實用性高的材料，才是本項目最重要的意義。

項目過程中所得到的成果，預期會以開放資源（Open Source）的方式來共享。是與加拿大天然資源部（NRC）共同商討後的決定。對於本項目有興趣的第三方，同樣可以提供資料供其參考。

建築樣式修正後變得更經濟

本次的建築項目，總造價5,150萬加拿大幣（約11億9,681萬新臺幣）中，412萬加拿大幣（約9,575萬新臺幣）為項目顧問的顧問費。

此費用包含結構計算及2樓部分的模型製作、數值模擬、接合件的實驗等等，有很多不同的調查及許可申請手續等需要進行。

經費主要由NRC、以及BSLC（Binational Softwood Lumber Council為美國與加拿大的2國間針

葉樹製材協議會）提供。此後的建築項目，此類研究調查及申請手續等初期費用均可不用再支付。

此外，Brock Commons為了滿足防火的基本要求，使用的超過標準以上的石膏板量。導致整體經費膨脹至150萬加拿大幣（約3,485萬新臺幣）。此部分如果可以稍做調整，也有機會設計出比鋼筋混凝土建築更安全的建築物。

工期縮短大約半年的高效率

——聽說工期方面也有很大的優勢

Brock Commons本項目，利用電腦進行的多次的數值模擬與分析。為什麼要這麼做的重要原因，就是找出可以有效縮短工期及木材組裝方法的設計，為此進行了多次的模擬。

工期的縮短最重要的是，可以避免木材暴露在大氣環境中持續受潮的影響。為了可以在夏天的乾燥期結束前，計畫完成所有的木構組裝。設定完成組裝18層樓木造建築的時間為16週。

在施工的進行過程中，實際上更為迅速。木造部分的組裝作業，在9週半內完成。

如果可以達到此施工速度，民間的開發商就可以與Brock Commons相同規模的鋼筋混凝土建築進行比較，發現工期大概可以減少4～6個月之多。施工作業單純化的情況下降低工期，就可有效降低很多的經費成本。

John Metras
英屬哥倫比亞大學（UBC）基礎建設部（Infrastructure Department）的管理總監。1965年出生於加拿大。

大量使用CLT ▶ 北美最大規模使用CLT的建築

在英屬哥倫比亞大學（UBC）的校區中，還有另一棟建物也是大量使用木材。2012年完工的地球科學館。地上5層樓高，樓板面積15,238m²。本建築主要功能為礦物資源的實驗及研究室〔照片1〕。教室、辦公棟以及研究棟之間，以中庭來連接。

在這些空間中，中庭及教室、辦公棟的主要結構，主要使用大型木質材料（Mass Timber）。天花部分主要為CLT板，柱梁為集成材，依此規則配置。本棟建築物大約使用了1,300m²的CLT。僅僅只是這些CLT的使用量，就已經是北美地區使用量最多的建築物。「尋找持續使用Mass Timber並且有實績的建設公司，其實是最困難的一件事。」UBC的John Metras如此說道。

此外，2～5層樓的獨立樓板系統，主要使用Mass Timber中的LSL（Laminated Strand Lumber），以及混凝土、鋼構接合件。

此地球科學館的最大特徵，即為連接1樓到5樓的空中樓梯〔照片2〕。利用鋼和集成材設計組裝完成的混構造樓梯，2樓以上的施加荷重可以透過2樓的露台傳遞分攤荷重的設計。

對於防火設計，在木質材料塗上耐燃塗料。根據加拿大卑詩省的建築法規，高達6樓木造建築物必須加裝消防自動灑水系統。

施工費含工程管理費等費用，項目總預算達7,500萬加拿大幣（約17億4,295萬新臺幣），然而實際支出控制在7,470萬加拿大幣。整體造價與RC建築比較後，UBC發現僅超過相當於總預算1%的費用。

另一方面，研究棟的結構由於必須考慮機械的重量及實驗振動的情形，因此結構體選用RC。

在代表整體建築物的環境性能及評估LEED指標中，得到GOLD的認證。由於大量使用木材，斷熱性能因而提升，可以有效的抑制能源使用量。在本棟建築物中，若以監測儀器監測每小時的能源消耗量（EUI），可發現1m²約消耗323kW的數據，與設計時預測約314kW的消耗量相近。

〔照片1〕大量使用CLT的建築
地球科學館外觀。主要進行研究的研究棟為RC造，其餘的部分大量使用CLT。照片正面建築即研究棟。（本頁照片提供：伊藤みろ）

地球科學館

■**所在地**：2207 Main Mall, University of British Columbia, Vancouver, British Columbia, Canada ■**基地面積**：10,017m² ■**樓板面積**：15,238m² ■**構造**：研究棟（RC造）、教室・辦公棟（木造，2～5樓的樓板為混構造）、中庭（柱・梁・天花為木造、樓板為RC造）■**業主**：University of British Columbia ■**設計**：Perkins + Will Canada（建築）、Equilibrium Consulting（結構）■**工程管理**：Bird Construction ■**施工**：Adera（木構造組裝）■**施工期間**：2010年7月～2012年8月 ■**總造價**：7,470萬加拿大幣（內含工程費5,895萬加拿大幣）

〔照片2〕令人印象深刻的木質樓梯
連接1樓至5樓的「空中樓梯」。使用鋼和集成材的混構造。照片左方為研究棟，右邊為教室・辦公棟。

由歐美先行展開的高層競賽

木大量使用木造的建築從世界各先進國開始並完成。
追求高層化最重要的理由，就是在成本及工程面上提升建築發展。
由於法規及制度面等因素造成日本稍微落後，然而現在已經感受到高層化的預兆。（淺野祐一）

近年來，主要以木造為主要結構材所設計的7層樓以上的高層建築，相繼在歐洲及北美完工（參考72～75頁）。大量使用木造的高層建築競賽，更加白熱化。

除了在前章所介紹位於加拿大高58m的Brock Commons外，2016年10月在奧地利，大量使用木造的高84m、24層樓，名為「HoHo Wien」的建築已經開工。此外，在瑞典也計畫利用木及鋼的合成材料，進行34層樓集合住宅的設計；英國劍橋大學的Michael Ramage博士等人，亦有超過80層樓的木造超高層建築的構想，陸續被提出。

大量使用木造的建設項目持續成長的其中一個重要原因，為減少對環境的負荷。使用較輕的木材不但可減少在搬運及施工過程中二氧化碳（CO_2）的排放量，木造建築本身也兼具固定CO_2的任務。

抑制CO_2的排放量在世界各先進國中是強迫執行的重要任務。在日本針對公共建築物希望可以多用木材的政策，也是希望可以達到抑制CO_2排放量的目的。

歐洲及北美推動木材活用的另一個重要原因，則為林業的振興。加拿大及奧地利同為木材輸出國，林業是國內重要的產業。Brock Commons也

就是建立在此林業振興的觀點上，設計一棟可以簡單「複製」的樣板建築及建設形式。也因此，國家及州政府提供很多補助措施。

然而現實情況為，若只討論如何削減CO_2排放量或林業振興等議題，對於促進民間產業接受以木造來建設高層建築沒有任何誘因。對建設商及發展商而言，如何提高建築物所帶來的利潤成長才是決定關鍵。

1m²的建設費用為27萬日幣

在海外高層木造可以增長的主因，最重要的當然是在成本面上木材可以較容易取得。

海外的高層木造建設造價及樓板面積的比較，由本書中整理出樓板面積1m²大約所需的造價為27萬日幣（約7,530新臺幣）〔圖1〕。針對實用化進行開發，有效降低CLT及相關的重型木材（Mass Timber）的成本。在海外CLT的價格僅日本的數分之一的情況亦時有所聞。影響所及，海外的木造建築建設費用與RC造建築竟然相差無幾。

事實上這也是為什麼在海外有較多針對高層木造項目推動的建設及設計，原因在於木造高層建築的造價可以控制在略高於RC高層建築約5%

〔圖1〕高層木造的建設費用相當於1m²約27萬日幣

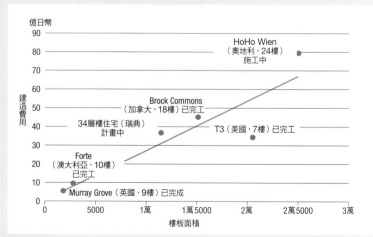

本書取得的造價成本（部分金額內含設計費或其他相關費用）與樓板面積間的關係，利用通過原點的一次函數取得的相似值結果。結果顯示，高層木造（包含混構造）的建設單價為1m²約27萬日幣（約7,530新臺幣）。

～10%以內的造價所致。往後，若是建設項目持續增加，設計程序上可以更精簡的話，則更有機會降低所需的成本。

克服時間限制所帶來的工程影響，也是海外選擇用木造進行高層建築施工的原因。大量使用CLT的建築，可減少在鋼筋混凝土工程中所需要的配筋及混凝土養護等作業時間，可有效縮短工期。工期的縮短，亦有效抑制工程費用，能夠更早完成整體建設工程，代表此物件的收益及優勢可大幅提升。

此外，木造建築對於施工時期的限制也可輕易跨越。建築研究所的槌本敬大高級研究員提到，「在北歐冬季是非常酷寒的時期，因此冬季的混凝土施工相當困難。」在諸如此類地區，木造的組裝工程則顯得相對容易。

日本也感受到高層化的預兆

施工簡易這一點也是海外高層建築木造化的重要特點。例如，若使用板材化的CLT構造，僅需要將板材搬運入現場，接著利用金屬接合件進行組裝。就算是熟練度較低的作業員，亦能進行高效率的組裝作業。

左右高層木造實現可能性的另一點為防火基準的放寬，這是推動高層木造建築普及的推手。「1990年左右，歐洲各國對於木造建築的建設標準，基本上限制在2層樓以下。然後透過實驗研究等檢證，現在可以建設高層木構的國家也增加了。」日本CLT協會業務推進部的中島洋部長

說〔圖2〕。在海外，亦存在使用消防自動灑水系統可以較容易建設高層木造的規定。

對於多地震的日本，對於目前法規中要求高耐震性能以及自動滅火功能的法令，尚無法輕易放寬。即使如此，對於如何實現木造高層化的技術研究依然確實地推動著。對於木造建築深入研究，東京都市大學的大橋好光教授提出以下見解：「可以建設具有1小時防火時效的4層樓木造建築，就可增加如2×4工法建築的競爭力。對於4層樓為普遍高度的都市而言，就有機會擴大市場。」

另外，對於高層木造建築而言，技術上也迎來在日本國內可實現的領域。最主要的防火性能等課題，可以達到建設14樓高標準的2小時防火時效，已由大林組開發完成。此外還有應用現有技術達到2小時防火時效的技術被一一提出。但是這些工法的最大問題為成本太高。如果可以持續研發突破此一限制，應用的可能性將一舉提升。

在以上所述條件下，挑戰大量木材為結構材來設計高層建築的發展商已然現身。也就是三菱地所設計。雖然以梁柱系統還是以鋼構造為主，但結構用樓板則採用CLT的10層樓集合住宅建設方案，已在2017年1月得到林野廳的政策補助。為了實現整體計畫，樓板振動性能及混構造的耐震性能等，逐步進行實驗檢證。預計於2019年3月完工。

〔圖2〕2 2020年歐洲木造限高的放寬潮

在歐洲木造建築物樓層限高的圖示。以分年表示木造樓層數及限高放寬。根據Fire safety in timber buildings. Technical guideline for Europa. 繪製而成。

外觀金屬而內藏豐富的木質化

T3／美國Minneapolis

　7層樓高，樓板面積20,440m²的辦公室建築。2016年9月完工。1樓為RC造（鋼筋混凝土），上部由集成材，以及利用鐵釘組合而成的NLT（Nail Laminated Timber）建設完成。由於NLT可在2×4的材料生產工廠中生產製造，亦有作為CLT（直交集成板）替代產品的案例。使用NLT的樓板等，是利用遭受蟲害的木材組裝而成。外觀則是使用耐候鋼。與鋼構造或RC造的建築比較後發現，工期可明顯縮短。整體造價約3,050萬美金（約9億3,995萬新臺幣）。

■業主：Hines
■設計：Michael Green Architecture, DLR Group
（照片：2張均由Ema Peter提供）

完工當時為「世界第一高」

Brock Commons／加拿大溫哥華

（照片：PolluxChung・SeagateStructures）

　2017年5月完工的18層樓學生宿舍，最高58.5m，總樓地板面積15,115m²。1樓以及2個服務核以RC為主要結構，2樓以上的柱為木構造集成材，樓板則為CLT。木構造部分的防火性能主要以石膏板披覆完成。以木構造為主要結構體的建築物中，完工當時是世界最高的木造建築。建築物的總造價為5,150萬加拿大幣（約44億5,000萬日幣），與同規模的RC造建築物之造價比較後，成本約略高8%左右（細節參閱第60頁）。

■業主：University of British Columbia
■設計：Acton Ostry Architects

（照片：伊藤みろ）

南半球亦有CLT建築的誕生

Forte／澳洲墨爾本

　為澳洲國內第一棟大量使用木造的高層木造建築。1樓使用RC構築，以上的樓層部分為CLT。總高32m，總樓板面積為2,800m²，為一棟共23戶10層樓高的集合住宅。2012年底完工。現場的施工組裝作業約耗時10個月即完成。此高層木造住宅的總造價為1,100萬澳幣（約2億4,133萬新臺幣）。整體開發從設計、施工等皆由澳洲當地最大的Lend Lease Group經手完成。與RC建築比較，二氧化碳的排放量約減少的1,400噸以上。

■業主：Lend Lease Apartments
■設計：Lend Lease Design
（照片提供：皆由：Lend Lease）

設計者主要以建築設計者表示

高層木造 PICK UP2 英國篇

利用木造巨型桁架設計超高層
Oakwood Timber Tower／英國倫敦

劍橋大學的Michael Ramage博士團隊於2016年4月，提案在倫敦市建設80層樓的木造高層建築。總樓層高度可及300m。預定興建在倫敦市中心的巴比肯區（Barbican Estate）。以750戶住宅為設計中心結合其他複合商業設施。從發表的設計概念圖說明以巨型桁架系統取代剪力牆系統之設計。整體建築在四個角隅構築15mx15m的塔樓，中央置入20mx20m的超高層塔樓。角隅塔樓的柱以集成材為主，中央塔樓則以CLT為主要剪力牆系統（詳細說明參閱76頁）。

聳立於巴比肯區住宅中庭的高層木造建築，中央塔樓以中庭圍繞的住宅為主設計。（資料提供：PLP Architecture）

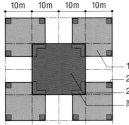

10m 10m 10m 10m

— 15m見方的角隅塔樓
— 2.5m的方形柱（集成材）
— 20m見方的中央塔樓
— 厚1.75m的L字形壁體（CLT）

平面模式圖（資料：Smith and Wallwork）

倫敦聖保羅大教堂（St Paul's Cathedral）一側所見的Oakwood Timber Tower的概念圖。（資料提供：PLP Architecture）

■提案（設計）：University of Cambridge, PLP Architecture, Smith and Wallwork

高層木造的先鋒
Murray Grove／英國倫敦

世界第一棟大量使用木構造的9層樓高層木造建築。由Waugh Thistleton Architects設計。共計有29戶住宅單元，總樓地板面積為1,815m²。一樓為RC造，以上樓層皆為CLT木造。2008年1月完工，為使用CLT進行高層木造建築設計及建設的先驅。由CLT壁體為主要結構圍塑而成的空間。亦考慮了荷重及木材乾燥後收縮的影響，CLT的壁體及天花以石膏板進行披覆，確保建築結構體的防火性能。總造價為386萬英鎊（約1億5,291萬新臺幣）。

■業主：Metropolitan Housing Trust、Telford Homes
■設計：Waugh Thistleton Architects
（照片提供皆為Will Pryce）

10層的商業複合設施
Dalston Lan／英國倫敦

2017年完工，使用CLT的10層樓大規模集合住宅及商業設施的複合設施。共計有121戶住宅，總樓地板面積為1萬2,500m²。本棟建築物1樓亦為RC造，以上各層皆為CLT之木造建築。預算不公開。擔當設計Waugh Thistleton Architects事務所的負責人Andrew提到，使用木材在成本上與使用鋼筋混凝土相當，然而工期大約減少了一半。

■業主：Regal Homes
■設計：Andrew Waugh、Dave Lomax、Kieran Walker、Harry Hill
（照片提供皆為Daniel Shearling）

24樓的木造建設啟動

HoHo Wien／奧地利維也納

由旅館或辦公室、住宅等組合而成24樓高的複合設施。總樓高達84m。2016年10月開工。目標在2018年完工（編按：目前暫定2019年完成）。施工主要由Handler Bau GmbH擔任。總樓地板面積為2萬5,000m²。由RC服務核及木造組合而成的混構造。總造價為6,500萬歐元（約22億6,277萬新臺幣），與一般的RC造建築比較成本約高5％左右。內裝不以石膏披覆，木造感油然而生。然而構造材皆通過高溫加熱的實驗確保其火災時的防火性能。

HoHo Wien的辦公室樓層平面
（資料提供：Rüdiger Lainer+Partner）

■業主：cetus Baudevelopment
■設計：Rüdiger Lainer+Partner
（資料提供：均由Rüdiger Lainer + Partner）

完全不使用金屬接合物的橢圓形接合部

Tamedia新總部／瑞士蘇黎世

由坂茂設計，2013年完工的地下2層地上7層的木造及部分RC造的辦公室建築。為一棟內含中間夾層的7層樓木造建築。其中一棟既存建築進行解體並現地新築，新築建築的隔壁棟最上部2層透過增築方式進行。使用相對而言成本較為低廉的雲杉集成材，並使用橢圓形的接合部且不使用任何金屬接合物進行接合。建築外觀覆蓋玻璃帷幕及玻璃格柵。所有結構材均滿足1小時的防火性能。

■業主：Tamedia
■設計：SHIGERU BAN ARCHITECTS EUROPE
（照片提供皆為武藤聖一）

利用混構造構件建設超高層住宅

34層樓住宅的設計構想／瑞典斯德哥爾摩

本設計為大量使用木造的34層樓集合住宅計畫。總樓地板面積達到1萬1450m²。為瑞典國內最大的住宅集團HSB Stockholm為了迎接2023年的100周年慶而受理的項目。預定於2019年完工。建設成本上，約為3,000萬歐元（約10億4,436萬新臺幣）。由C.F. Møller建築師事務所在競圖中勝出。服務核一樣為RC造。另外，樓板以CLT構築，結構柱則以中央為十字形鋼骨外部，以正方形斷面之木材組合而成的混構造構件。

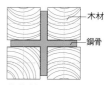

木材
鋼骨

柱的剖面圖

■業主：HSB Stockholm
■開發：Slättö Förvaltning
■設計：C.F.Møller、Dinell Johansson
（資料提供皆為C.F.Møller）

公共住宅的推廣

Cenni di Cambiament／義大利米蘭

平面面積約為13.6m×19.1m，高約27m的9層樓高建築棟，共計4棟並和其他低層棟連接而成120戶的公共住宅。2012年開工，並於隔年2013年完工。主要使用CLT的樓板及牆板。陽台部分則以CLT板延伸，利用懸臂板的結構原理構築而成。使用板厚為20～23cm的CLT組裝。CLT板由兩片互相貫穿，並在十字交錯處以螺絲進行接合。地下及地面1樓為RC造。由義大利建築師Rossi Prodi Associati設計完成。

■業主：Polaris Investment Italia SGR　■設計：Rossi Prodi Associati

位於義大利米蘭的木造公共住宅。9層樓高，地下及地面1樓為RC造。
（照片提供：左為Arcangelo DelPiai、右2圖為Pietro Savorelli）

以軸組挑戰14層樓高木造

Treet／挪威Bergen

2015年完工的14層樓木造建築，總樓地板面積為5,830m²的集合住宅。初期以木造箱型模組單元進行4層樓建築組裝。接著以承受水平、垂直載重的集成材柱梁系統形成軸組系統圍塑箱型單元四周，並在上部乘載混凝土樓板。另外，在上部繼續重複以箱型模組單元組裝，接著再以集成材的軸組系統圍塑箱型單元四周，並在上部承載混凝土樓板的步驟。柱梁的金屬接合部埋入木構件內部達到防火效能。柱構件單元亦使用90分鐘防火的結構式樣。

■業主：BOB　■設計：Artec

活用軸組工法建設14層樓高的集合住宅。2015年末於挪威Bergen完工（照片提供：均由BOB）。

設計：PLP Architecture

如何設計超過300m的木造建築！

建築及結構設計師現身說法，實現80層樓高的木造超高層建築

在歐洲及北美陸續有高層木造建築完工。在此當中，雖然還在提案階段，但其樓高隨即受到世界矚目的則為「Oakwood Timber Tower」（概要參閱第73頁）。位於英國倫敦的複合建築，共計80層樓高，總高約315m

〔圖1〕。接下來將對操刀設計者：PLP Architecture的負責人Kevin Flanagan，及結構設計Simth and Wallwork Engineers的負責人Simon Smith，針對實踐過程中可能面對的問題進行訪談。

Kevin Flanagan（以下簡稱F） 本項目的團隊成員，均以現在倫敦最高的建築「The Shard」為標的，希望以木造進行設計並實現超越此建築高度的超高層木造建築為目標。希望進而展示活用工程木材（Engineering Wood）及探討新的使用方式，與解決住宅不足等問題。

預定興建在倫敦市中心的巴比肯區（Barbican Estate）。在低矮建築群中增建低層建築，並在其所圍塑的中庭內新建高層建築。

主要居住單元以低層建築300戶，及高層建築700戶為構想進行設計。總樓地板面積為9萬3,000m²，工程木材的總使用量達到約6萬5,000m³。

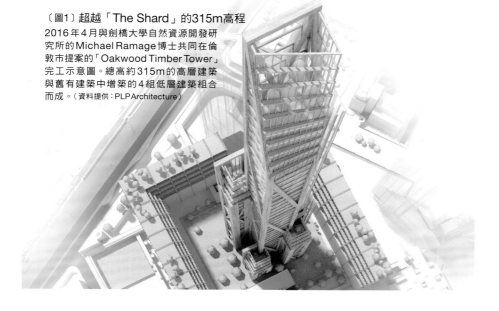

〔圖1〕超越「The Shard」的315m高程
2016年4月與劍橋大學自然資源開發研究所的Michael Ramage博士共同在倫敦市提案的「Oakwood Timber Tower」完工示意圖。總高約315m的高層建築與舊有建築中增築的4組低層建築組合而成。（資料提供：PLP Architecture）

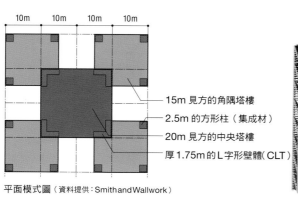

10m　10m　10m　10m

— 15m 見方的角隅塔樓
— 2.5m 的方形柱（集成材）
— 20m 見方的中央塔樓
— 厚1.75m的L字形壁體（CLT）

平面模式圖（資料提供：Smith and Wallwork）

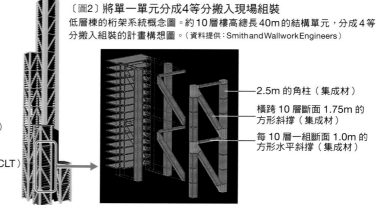

〔圖2〕將單一單元分成4等分搬入現場組裝
低層棟的桁架系統概念圖。約10層樓高總長40m的結構單元，分成4等分搬入組裝的計畫構想圖。（資料提供：Smith and Wallwork Engineers）

— 2.5m 的角柱（集成材）
— 橫跨10層斷面1.75m的方形斜撐（集成材）
— 每10層一組斷面1.0m的方形水平斜撐（集成材）

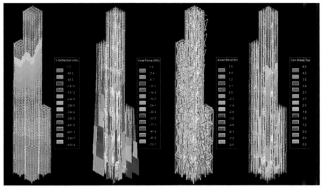

〔圖3〕結構在抗風壓下的模擬檢證
為了檢證抗風壓能力進行的模擬。最左邊為模擬水平風力作用下的擺動情形、中央的2組模型，則為檢證低層棟建築在風力及自重的組合載重下，集成材所需負擔的垂直力（左）及水平力（右），最右邊的部分則為模擬CLT在負擔載重下的情形。（資料提供：Smith and Wallwork Engineers）

以巨型桁架系統作為剪力牆使用

Simon Smith（以下簡稱S） 基本的結構設計思考原則為，平面為20m見方的高層建築棟角隅四周以平面為15m見方的中層棟來支持。高層棟的主要壁體為L字形1.75m厚的CLT（直交集成板），低層樓亦可擔負剪力牆之任務。建築外周為40m見方。

F 建築設計面而言，希望呈現如生長在自然界的樹木般，在都市環境中強而有力的生命力。向上延伸的細長型態，則意在表達倫敦市「SPIRE」的意念（街區中紀念碑的象徵）。同時由於高層棟的角隅四周配置了低層棟，各層樓的平面造型亦各異。如同枝葉在分枝的過程中逐漸成熟，平面也呈現如自然界樹木般有機的形狀。

S 低層棟的單元方面，以桁架結構系統構成。2.5m見方的角柱與1.0m見方的水平斜撐間，每10層間以1.75m見方的斜撐接合成桁架系統（圖2）。主要結構體為集成材，樓板材則為CLT。

結構計算分析上最困難的部分，則是斜撐材的接合部。雖然最初想定以螺栓進行接合，但由於接合部太過複雜，最後還是以金屬接合部設計組裝，並且進行結構統的抗風檢證（圖3）。

F 為了讓木造也能在建築外觀呈現，針對以下的3大方向進行檢討。

第1項為，結構體如何以木質板進行覆蓋。利用木材與乙酸酐反應後，將木材內自由羥基轉化為乙基團，進而降低木材吸水及延長耐久性的方式，使木材成為「Accoya」此一種可用做表面材並具備斷熱性能的外板。接著就是研究CLT外露的工法，最後則為結構體以玻璃覆蓋的工法。

第2彈130m的33層樓木造建築

「Oakwood Timber Tower」的第2彈為在荷蘭啟動的木造超高層建築。為同一組設計團隊操刀設計的住宅塔樓（Residential Tower）。業主為荷蘭當地的發展商PROVAST。因為對於「Oakwood Timber Tower」的設計概念感興趣因而提出合作的想法。

項目名稱為「Oakwood Timber Tower 2 "The Lodge"」。主要空間為220戶住宅及屋頂吧檯的複合空間。樓高33層樓，總高約130m。

總樓地板面積為2萬6,000m²。建築平面面積，為24m×45m的橢圓形。

主要結構系統為CLT結構。同時使用倫敦超高層木造建築項目中時，檢討後的木質板及外裝玻璃覆蓋結構體。樓板材亦是CLT。工程木材的總使用量，約為1萬1,400m²。

本項目的技術問題幾乎已經完全解決，目前正進行與鋼構造的成本比較等細部計畫之階段。

〔圖4〕如木材包覆般的高層木造
構造形式受到亞洲漁網的形式的啟發。如同自然界的樹木般，包覆建築的形式。（資料提供：PLP Architecture）

Part 3
備受期待的新素材
「竹」的操作

關注以「竹」當作結構材料議題漸漸增高。
竹材屬於成長快速且價格便宜，韌性及強度俱佳，並具有溫潤感的優點。
將竹材活用在各活動場合或受災地的臨時建築上，有利於成本降低。
在東南亞，開始有將竹材當作永久結構材使用的案例。
本刊前往東南亞竹材活用最前線的泰國及越南進行採訪。

業主：PhucKhangCorporation　設計：SupermachineStudio　施工：NAWARATPATANAKARN

透過細部設計跳脫臨時結構物的既定印象

以強度和快速工期來決勝

東南亞的木質系建築當中最受矚目的，即為竹造建築。

竹材屬於成長快速且價格便宜，韌性及強度俱佳，並具有溫潤感的優點。

以下為本刊採訪了以竹材為結構體設計的建築。

〔照片1〕利用地產竹材的學校重建工程「Bamboo School」的外觀。2014年位於泰國北部清萊，受地震侵襲倒塌的學校重建工程。使用地產的竹材為主要結構體。

（照片提供：特別標註外皆由Wison Tungthunya）

〔照片2〕動感的竹材懸挑
3m的懸挑大屋頂，由混凝土基礎伸出的竹材支撐

Bamboo School

■**所在地**：Pa Ko Dam, Mae Lao District, Chiang Rai ■**主用途**：學校 ■**樓板面積**：400m² ■**樓層數**：1樓 ■**構造**：竹＋鋼構混構造 ■**各層面積**：1樓 400 m² ■**高層**：最高8m，簷高2.3m ■**主跨距**：6m×8m ■**基礎**：混凝土基礎 ■**業主**：Phuc Khang Corporation ■**設計**：Supermachine Studio ■**設計協力**：NAWARATPATANAKARN ■**監造**：NAWARATPATANAKARN ■**施工**：NAWARATPATANAKARN ■**工期**：2015年5月～2016年5月 ■**開業**：2016年5月 ■**工程費**：400萬泰銖（約393萬新臺幣）

外部裝修

■**屋頂**：瀝青塗抹處理的竹材裝修 ■**壁體**：鋼骨構造以石膏板封邊 ■**外部**：茅草或磚造

內部裝修

■**樓板**：PVC塗裝 ■**壁體**：石膏板塗裝

〔照片3〕大屋頂下加入箱型空間
教室內觀。大屋頂下填入以鋼構組合而成的箱型空間教室。

著眼於其強度，使用竹材來設計震災過後的校園重建的，即為泰國的設計事務所Supermachine Studio。此事務所由代表Pitupong Chaowakul於2009年與5位友人共同創立。設計領域涉及建築以外的展覽會場或藝術作品等設計。接下來介紹由此事務所設計，於2016年5月完工的「Bamboo School」〔照片1〕。

2014年5月在泰國北部發生強震。地震規模達M6.4的地震影響下，位於震央的清萊縣內有多處的建物及道路損壞。另外亦有多處的學校設施遭到破壞。

因此集結泰國年輕建築師，成立了「Design for Disaster」的志工組織。另外再由泰國建築師協會針對地區設計再生設計的協助。Supermachine Studio亦是其中的一員。

竹材採伐。利用化學藥物處理造成纖維素變質。（資料以下均由SupermachineStudio）

組立。竹與竹間以鋼構夾住支撐，增加其強度。

屋頂構架的組構。無組裝鷹架。

接合部以繩索綑綁的簡易設計。

屋頂的裝修。為了達到不漏水的效果，合板上方塗抹瀝青。

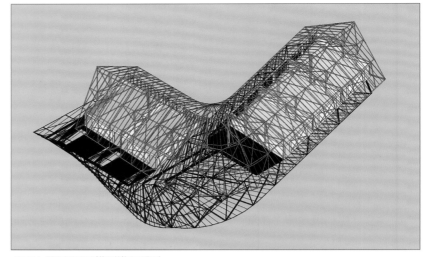

〔圖2〕設活用3D模型進行設計
設計主要以3D模型進行檢討。可以輕易取得構件的長度，竹材的長度及截斷點作業上更有效率。（資料提供：SupermachineStudio）

Design for Disaster針對清萊地區23所學校進行調查，在這當中有9所學校預計在現有空地中重新建立復興校舍。在此當中，Supermachine Studio所負責的再建校舍，則是位於清萊縣北部Mae Lao小鎮中的小學。

既存的校舍為2層樓高的鋼筋混凝土校舍，主要結構體中有大量的裂縫，然而卻無法進行有效的解體。得到了Design for Disaster的調查報告後，當地政府即決定在基地角落的空地進行新校舍的興建工程。

新校舍的設計方針，第一點即為設計可以抵抗大地震的建築。另外，對於只能臨時在帳篷底下上課的學生而言，能夠快速取得材料，並且盡早建設新校舍則為當務之急。

在設計新校舍的過程中，Supermachine Studio馬上就注意到竹構造。在震災的新聞報導中，在主要受到地震影響的災區內，「其中一個以竹材為主要建築材料的部落完全無建築倒塌」的消息傳到了他們耳中。

Chaowakul代表提到。「為了防範再次到來的地震，馬上考慮使用在泰國典型建築形態中常使用的竹材來建設。竹材由於具有韌性因此竹建築並不會馬上在地震中倒塌。也因此爭取到了避難時間。就算構件變形也容易抽換。」

以竹材為主構造，教室單元則以鋼構構架進行搭配組構〔照片2、3〕。2組結構互相分離。

重複檢討竹的種類及基礎型式

對於選用的竹材種類亦精心挑選。重複調查後，總算發現最適合的材料。此竹材每一根可使用為建材的部分為中央最直的約4～6m的長度，為纖維密度極高的地產竹材。切下取出的竹材經過化學處理，讓纖維素進行變質。

接著，再乾燥10天左右時間。Supermachine Studio在此之前，也曾經在泰國的音樂祭會場設計上使用過竹材。其中的know-how以因此逐步累積〔圖1〕。設計上則是活用3D模型搭配〔圖2〕。

為了讓竹柱結構在施工上簡易但兼具安定，因此將基礎的構造單純化〔圖3〕。經多次檢討採用的是，先將成束竹材以鋼絲網束制，接著再以混凝土基礎將其固定。一開始也考慮過以節點接合套管插入竹材，接著在與鋼筋混凝土基礎接合的方式。

然而，因為同一座基礎上需要有3～7根竹柱同時整合在同一基礎上的需求。利用錨定或是接合套管的方式則顯得繁雜，也因此判斷在施工上會增加難度。因此採用的方案，竹柱用來接合的部分，在表面覆蓋上混凝土，形成一個大型的半圓形球體的狀態。也可當作是學生的座椅或家具使用〔照片4〕。

竹與竹間的接合則以繩索綑綁的簡單構造。屋頂架構以及裝修亦採用竹材。為了避免漏雨的情形，合板上另以瀝青披覆。

基本設計也因此僅耗費10天的時間。為了可以有效尋找建設資金以及技術層次上的贊助者，也因此整體設計不得不加快腳步。由於設計階段進展快速，也因此獲得在灣岸的土木結構物上頗具經驗的公司NAWARATPATANAKARN的贊助。

由於該公司有力的贊助，獲得了共計400萬泰銖（約393萬新臺幣）的工程費贊助。

在泰國其實對於竹構造大多停留在臨時建築的印象，使用作為永久建築的案例很少。對於維護方法及工法的研究亦十分有限。

「當初接收到很多結構工程師跟建築師們的疑問，為什麼不直接使用鋼構就好。當然我們希望可以透過本項目改變大眾對於竹材的既定印象及想法。」Chaowakul代表提到。

〔照片4〕成為學生休憩場所的基礎
教室外成為一個半戶外空間。半圓球形的基礎形式是由Supermachine Studio獨自開發的方案。完工後可看到學童休憩於上的姿態。

與基地上既存樹木共生

本建築物在中央處做了量體90度大轉彎的計畫。原因是為了避開震災過後基地內3根既存的樹木，而進行的配置方案〔照片5〕。

〔圖3〕重複檢討地面與竹材的接合形式

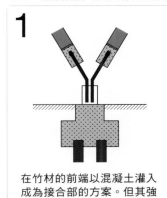

1

在竹材的前端以混凝土灌入成為接合部的方案。但其強度為問題。

2

從基礎伸出接合套筒，並在此套筒接合的方案。施工時間較長。

3 本案採用方案

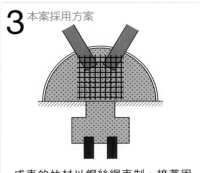

成束的竹材以鋼絲網束制，接著固定於混凝土基座上。考慮強度、工期、及設計感後的最佳方案。

竹構造基礎的細部設計共有3個方案。採用的是最右邊的方案。
（資料提供：Supermachine Studio提供資料由本刊後製完成）

〔照片5〕既與既存樹木共生的設計
由於基地內有3根既存的樹木，因此本建築物在中央做了量體90度轉彎的設計。

〔照片6〕中庭也成為教育場所
教室的中庭側設置大量開口，與教育場所間的串連的趣味感油然而生。

在中央曲面屋頂底下，以鋼構構架圍塑而成一間間的教室棟，角落部分則是半戶外空間。此空間亦開放給地區居民。成為孩童可以在此優游自在的空間。

Chaowakul代表提到「教育，必須考慮到在教室場所外亦能進行的可能性。因此設計了內外串連的公共空間。」

以鋼構架構圍塑的教室棟，大部分的牆壁都配置有大片落地窗〔照片6〕。這也是反映Supermachine Studio對於「教育場所需要在有限的條件下對外開放」此一設計理念。

此外，教室利用鋼構構架搭配石膏板壁體貼合此一安全並且簡單的工法，同時是為了達到就算在大地震中受到破壞也可簡單修繕的目的。

（撰文：橋本かをり）

屋頂的裝修亦使用竹材。

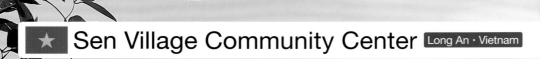

業主：PhucKhangCorporation   設計：VoTrongNghiaArchitects   施工：WindandWaterHouseJSC

以曲線表達圍束造型的構造美感

僅用竹材實現30m直徑的「巨傘」

如傘般吸引市民目光的市民活動中心。
作為骨架的28組「柱梁單元」，以曲線的竹材圍束組構而成。
利用竹材追求結構系統上合理的設計手法。

〔照片1〕竹材與茅草屋頂的穹頂建築
Sen Village Community Center（市民活動中心）是距離胡志明市中心20km左右的新興住宅區中的建築設施。主要使用竹結構與直徑30m的茅草屋頂。（照片：特別註明之外皆由本刊提供）

越南的設計事務所Vo Trong Nghia Architects，從2006年開始，以竹材為主要結構應用於建築構造中。近年來，在國內外獲得無數的建築獎。事務所中的武仲義（Vo Trong Nghia）代表，畢業於日本東京大學，留學期間受教於內藤廣先生。

武仲義表示，在多次使用竹材的過程中逐漸發展出屬於自己獨特的工法。施工不僅簡單且便宜，並可依此實現美的建築。2015年4月完工的Sen Village Community Center即為其中一案例。

Sen Village Community Center，是一座以竹材為主要結構的市民活動中心。漂浮於水景上如同閃傘面邊的屋頂別引人入勝。屋頂直徑約30m。深出簷不僅可遮擋南國炎熱的陽光，濃厚的陰影也應運而生〔照片1〕。

站在屋頂正中央並抬頭往上望，便可發現此處是由成束的竹材組構而成。屋頂是由國產的茅草鋪設而成的。

本活動中心是距離胡志明市中心20km左右的新興住宅區中的建築設施。大約可容納250人的活動中心主要作為宴會或展示、音樂會等，當地居民大多數會舉辦的活動之空間。活動中心的周邊亦配置集會室或廚房等空間。

Sen Village Community Center在施工階段，及採用預製化方式進行。為了描繪出往頂部延伸的曲線因而互相分岐的28組「柱梁單元」，成為本場所的存在的中心〔照片2、3〕。支撐著屋頂的柱梁單元，各個曲線單元在

〔真2〕以天窗為中心的幾何美學
往上看的屋頂中心。竹束的柱在往頂部
延伸時由於曲度產生了分岐。

〔照片3〕竹材組成的「柱列單元」
直徑約30m的屋頂可遮蔽炙熱的陽光。
由曲線切割的28組骨架支撐屋頂。

工廠加工綁束，接著在現場以直線單元組合〔照片4〕。接著更直接在現場將柱梁單元並列，在於其上架設橫向構件，完成整體結構的組裝。

然而竹材由於材料性質不一，因此很難僅以現場進行施工。特別是高難度曲線部分委以外部工廠進行加工預製同時縮短工期，並可將所需現場調整的部分控制到最低。設計面上均以相同的構材進行連接，完成優美的完成面。

基礎的工法亦然，由獨自發展的工法應用其中。首先由混凝土基礎內伸出鋼管，利用此鋼管插入柱梁單元中，再利用繩索加以綑綁〔照片5〕。

在Vo Trong Nghia Architects事務所中，在使用竹構造的初期階段即針對施工技術進行研究發展，確定獨自開發的施工手法。在工法開發的同時，募集越南國內的竹構職人同聚一堂，培養專門的施工團隊。進而提高施工精度。

重複地深接合

Sen Village Community Center所使用的竹材，為大量生長在越南南部直徑約4cm，細長肉多的材種。就算彎曲也不容易裂開，是非常適合用來塑造如穹頂或是薄殼般曲面的造型。將這些竹材成束彎曲成拱形在加以連接，則可輕易實現大跨距空間。當成束施作，就可降低單根竹材的負擔荷載，也可提高其耐久性。

接合部以成束竹材組合後，以較粗的竹製釘進行接合，接著再以繩索綑綁固定。因為使用了竹釘，就算在高溫高濕的越南，也可大大避免及降低蟲害腐食的風險。

武仲義提到，「竹材並無法如同一般的木材，不能利用膠合的方式整合斷面。」取而代之的工法，則是將竹材重複地深接合。經過這樣的接合處理可增加強度，亦可對抗強大的風壓。

將工藝品的技術應用在建材上

不使用木材而使用竹材有其理由。「竹材成長快速，可以從切斷處再生。可以低廉的價格購入，對於環境的負擔低。另外也很優美。」武仲義這麼說。

對於高溫高濕並且蟲害較多的東南亞，可以用來作為結構材的木材種類有限。另外，竹材在越南全境產量豐富且可自生，抵抗蟲害腐食佳。由於在越南傳統工藝品中大量使用竹材，對於植竹也相當鼓勵。

對於原本想定只能用來作為臨時建築物的竹材而言，如果可以克服作為建材時所面臨的強度、質地分布不均或是蟲害問題，不就也可以成為理想的建材嗎。武仲義提到。

為此，武仲義也提出自己獨自的竹材加工方法〔圖1〕。首先用火將竹材加工彎曲，成束固定後將形狀固定。接著為了防治蟲害，將竹材浸泡在水中3～6個月。這麼做可以讓竹材中的纖維素變質。最後利用煙燻，然後以熱處理表面上油塗膜。這樣的處理工序可讓竹材轉變成獨特的赤黑色，呈現出不同層次的效果。

加工上完全不使用化學藥品。不僅可以減少對環境的負擔，亦不需要各別的處理設施。

這樣的處理過程，是越南在製作傳統工藝品時，以泥水浸泡處理的方式應用在建材製作上。

Sen Village Community Center的設計，亦考慮的環境性能上的表現。其中最具代表性的就是天窗及水面的設計組合。

透過建築周邊的水景冷卻過後的涼風，使得內部更為涼爽。熱空氣則可透過天窗或茅草屋頂的間隙逸出室外。

而輕柔微透天窗的光線，則是透過頂部設置玻璃的簡易構造。也因此日間在室內不需利用人工照明〔照片6〕。

因為此passive design的配置，室內亦不須要空調設備。在越南，因為機車及汽車吵雜來往所造成的環境汙染問題，武仲義提出活用日照及自然換氣的建築，並積極地應用在設計中。2010年，成立名為「Wind and Water house」的專業施工公司，開始研究如何活用自然界中的風與光、以及綠的

〔照片4〕以直線及曲線構材形成單元
單元上部的屋頂面，以直線梁及拱型梁組構而成，並以繩索及竹釘接合。

〔照片5〕精細的柱及基礎接合
結構單元的基礎部分。成束的竹材與混凝土基礎上伸出的鋼管插入竹材內部接合，並用繩索綁緊。

〔圖1〕竹材的3段加工

①彎曲　②浸泡於水中　③煙燻

砍伐下的竹材成束以繩索或鋼構定型，將變形固定。（照片提供：皆為Vo Trong Nghia Architects）

將竹材浸泡在湖或沼3～6個月。是將纖維素變質並防止蟲害的重要工程。

利用熱處理使得纖維拉伸並提高強度。也可容易保持乾燥狀態。處理後的表面也較優美。

〔圖2〕由水景衍伸的passive design

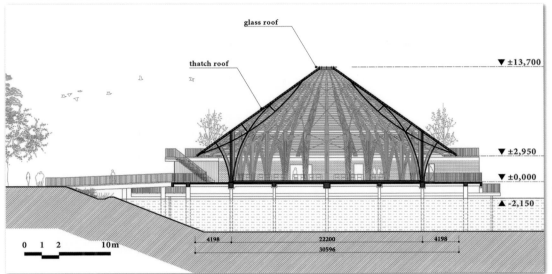

glass roof
thatch roof

▼ ±13,700
▼ ±2,950
▼ ±0,000
▲ -2,150

4198　　22200　　4198
30596

0 1 2　　10m

市民活動中心的剖面圖。活動中心的周邊因為水景的冷卻效應，使得微風微微流動四周。在周邊亦配置了寬幅4m的露台及部分機能空間。

（資料提供：VoTrongNghia Architects）

〔照片6〕利用天窗降低室內照明電源的消耗量
天窗是利用屋頂圓形開口放置玻璃的簡易設計。將光線引入室內因此在日間不需利用人工照明。茅草屋頂的空隙間，預期提供室內熱空氣由外部逸散的效果。

Sen Village Community Center

■所在地：Long An, Vietnam ■主用途：市民活動中心 ■基地面積：48萬m² ■建築面積：1,395m² ■樓板面積：1,395m² ■樓層數：地上1樓 ■結構：竹構造 ■各層面積：1樓1,395m² ■樓高：最高13m、屋簷高2.95m ■主跨距：22.2m×22.2m ■業主：Phuc Khang Corporation ■設計：Vo Trong Nghia Architects ■施工：Wind and Water House JSC ■設計期間：2014年2～10月 ■施工期間：2014年11月～2015年4月

施工手法。

更不用提除了前述的優點外，活用成長速度快速的竹材也是降低環境負荷的一大對策。

Vo Trong Nghia Architects事務所在開始進行竹材的開發研究之時，主要使用鋼材來補強竹材的做法。然而，在實踐的過程中發現竹材本身即具有足夠的強度，因此就展開單純以

竹材開發的各種結構。

「Bamboo Wing」（2009年），即是不只將竹材作為裝修材，而是把竹材作為結構材的初期研究項目。是一座僅用竹材完成的懸臂結構。利用沿著兩個方向延伸的梁製造整體結構系統的平衡，並實現向外部延展的空間。

「Son La Restaurant」（14年）此項目中，是由96組4根竹柱組合而成的

單元並列，形成skeleton frame（骨組造）的構造形式。施加在結構上的荷載，則由交錯重疊的竹梁支撐。所使用的竹材為現地採集直徑約8～10cm，筆直的竹材種類。

竹材的種類會反應到建築項目的特色上。

「Diamond Island Community Center」（2015年）此項目中，僅用竹材就完成了直徑24m、高12.5m的穹頂結構。是由職人們在現場將竹材一根根的編織起來。由於持續進行竹建築的施工，施工團隊的技術能力也可持續向上提升。（撰文：橋本かをり）

多樣化的結構及設計美學整合提案

Vo Trong Nghia Architects事務所中，針對構造上如何使用竹材做的多元提案。
懸臂梁或桁架、傘型、穹頂等的竹構造，全都是其創意下的設計產物。
對於竹材的種類或工法，根據希望呈現的結構型態巧妙地分類應用。

①懸臂梁

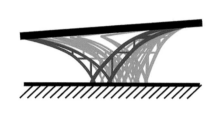

河內附近的Café餐廳「Bamboo Wing」。巧妙利用懸臂梁的結構創造達12m的開放空間。2009年完工。

（照片：本頁由大木宏之提供，資料：本頁由Vo TrongNghiaArchitects提供）

Vo Trong Nghia Architects事務所在開始進行竹材的開發研究之時，主要使用鋼材來補強竹材的做法。然而，在實踐的過程中發現竹材本身即具有足夠的強度，因此就展開單純以竹材開發的各種結構。

「Bamboo Wing」（2009年），即是不只將竹材作為裝修材，而是把竹材作為結構材的初期研究項目。是一座僅用竹材完成的懸臂結構。利用沿著兩個方向延伸的梁製造整體結構系統的平衡，並實現向外部延展的空間。

「Son La Restaurant」（14年）此項目中，是由96組4根竹柱組合而成的單元並列，形成skeleton frame（骨組造）的構造形式。施加在結構上的荷載，則由交錯重疊的竹梁支撐。所使用的竹材為現地採集直徑約8～10cm，筆直的竹材種類。

竹材的種類會反應到建築項目的特色上。

「Diamond Island Community Center」（2015年）此項目中，僅用竹材就完成了直徑24m、高12.5m的穹頂結構。是由職人們在現場將竹材一根根的編織起來。由於持續進行竹建築的施工，施工團隊的技術能力也可持續向上提升。

（撰文：橋本かをり）

②骨組造（Skeleton Frame）

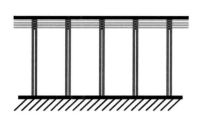

建設於越南北部小鎮的餐廳「SonLa Restaurant」。以地產的竹材及石材為基礎建成，將長達8m地產竹連結而成的主梁，與96組以4根竹材組成的竹柱單元組合，以垂直的方式呈現。2014年完工。

③穹頂

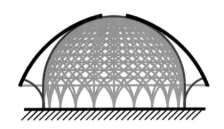

由8個半球形的棚架（Pavilion）組成的「Diamond Island Community Center」。照片中所呈現的是其中直徑達24m的最大棚架，以雙層的穹頂結構組成。最具特色的曲線部，是由將一根根適當長度的竹材切出並編織成網格狀，技術純熟的職人所完成。於2015年完工。

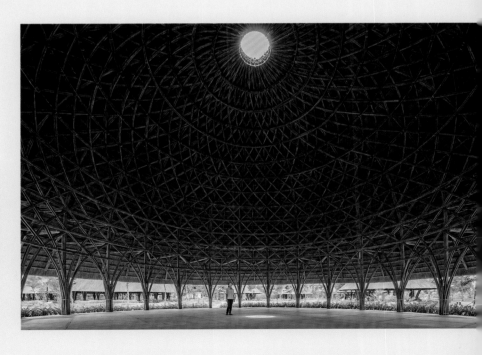

Part4 高防火・高耐震性能的日本都市木造10選

日本木造「本土化」的嘲諷聲浪時有所聞。

然而，本土化過程中亦存在獨立技術開發的優勢。

其一，即為代表「高耐火」性能的「止燃層」。另一個則是強震區特有的「高耐震」性能。

若是以高安全性能為前提，在日本的現代木造建築中，不乏「誇耀於世」的建築作品。

以下嚴選10個項目進行介紹。

日經建築 Selection
Wooden Architecture in the World

01

SunnyHills at Minami-Aoyama（東京都港區）

業主：SunnyHills Japan　設計：隈研吾建築都市設計事務所　施工：佐藤秀

利用60mm的木構角材
設計漂浮樓板

令街道行人看了覺得不可思議的獨創木造建築，現身東京南青山。
由60mm的檜木角材組成稱為「地獄組」（日文「地獄組み」）的木造組構方式。
不僅是裝飾用，亦是支撐樓板及屋頂荷載的結構體。

面對街道的主入口，在法規上屬於地下1樓。不使用接合鐵件，僅利用稱為「地獄組」的傳統木造組構方式，組裝內外可見的堅固面格子。2013年底開幕。（照片：特別標註外皆為安川千秋提供）

「一聽到鳳梨，腦中馬上就浮現建築的設計概念。」

設計師隈研吾先生（隈研吾建築都市設計事務所）回想起當時台灣的業主來拜訪及委託設計時的畫面。由表面刺刺的鳳梨果實形狀讓隈研吾聯想到，以細木材來設計一棟木造建築。

最後實現的，就是位於東京南青山的「SunnyHills at Minami-Aoyama」。是一家將鳳梨醬以餅皮外包製作成「鳳梨酥」的糕餅販賣店。也是台灣的

糕餅廠商SunnyHills，在日本的首家店面。

在緩坡上建設的店鋪，由南・東・北三面，高約3層樓的木造組構包覆。由斷面60cm的檜木製材以斜向交錯組裝成格子狀。乍看之下，會以為是外裝的裝飾材，然而卻是結構材。建築物西側大約一半為鋼筋混凝土（RC）造，東側為木造。在檜木組構中找不到任何一根垂直的構件，用來支撐3層木造空間的樓板及屋頂載重，

地震時的水平力則由RC結構負擔。

是隈研吾先生擔當設計的「木組構建築」第3彈。是繼2010年完工的「Prostho Research Center」（愛知縣春日井市）、以及福岡縣的「Starbucks coffee太宰府天滿宮表參道店」後的連續發展型態。

過去的兩件作品均為60mm的檜木或杉木角材組構而成，「本次作品初嘗試用來當作支撐樓板的結構體」，隈研吾先生提到。

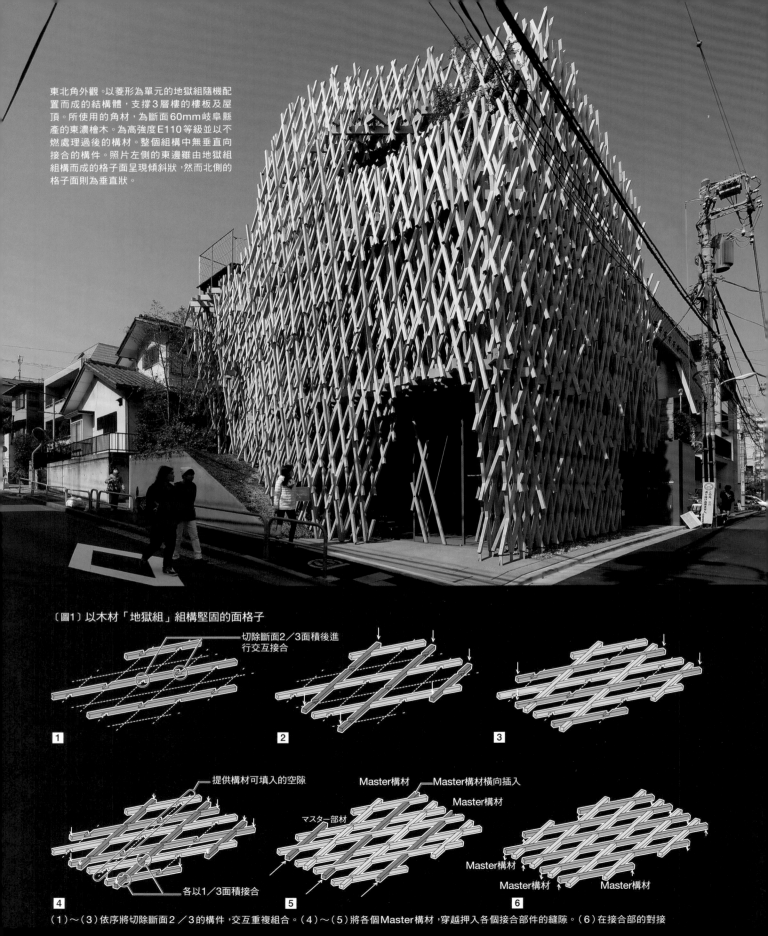

東北角外觀。以菱形為單元的地獄組隨機配置而成的結構體，支撐3層樓的樓板及屋頂。所使用的角材，為斷面60mm岐阜縣產的東濃檜木。為高強度E110等級並以不燃處理過後的構材。整個組構中無垂直向接合的構件。照片左側的東邊雖由地獄組組構而成的格子面呈現傾斜狀，然而北側的格子面則為垂直狀。

〔圖1〕以木材「地獄組」組構堅固的面格子

切除斷面2／3面積後進行交互接合

1

2

3

提供構材可填入的空隙

各以1/3面積接合

4

Master構材　　Master構材橫向插入

マスター部材

Master構材

5

Master構材

Master構材

Master構材　　　Master構材

6

（1）～（3）依序將切除斷面2／3的構件，交互重複組合。（4）～（5）將各個Master構材，穿越押入各個接合部件的縫隙。（6）在接合部的對接

〔照片1〕傾斜面格子至少2面重覆接合
上：約傾斜9度的「地獄組」面格子最少2面重複接合，並將每面朝不同方向傾斜的構件連接。需要用來支撐樓板或梁的部分則增加面格子的接合面數以增加強度。
（照片提供：松浦隆幸） 右圖：地下1樓的主入口。

以面呈現堅固的「地獄組」

內外均有的木構造空間，為日文稱作「地獄組み」的組構方式。本來是主要用來作為門窗或是家具使用的傳統木組構工法，「作為建築結構體使用的前例並非不存在」，隈研吾提到。

地獄組是使用表裡兩面交互切出2／3斷面積的凹槽後的木材。將此木材3次重複交錯組合後，則可組成井桁或菱形狀。

接著，各構材形成表面突出1／3的井桁或菱形後，原本切出的凹槽有可讓一根橫向構材從縫隙中穿過。在此將最後一根稱為「Master構材」插入後，整體就可形成一個堅固的面格子，亦無法分解〔圖1〕。

由菱形組成的地獄組み面格子，與垂直面約傾斜9度〔照片1〕。最少2面，做多5～6面的重複組合。另外，不同方向傾斜的構件亦會互相接合。

由於這個做法，在各層互相重複支撐的同時，同時追求並實現「單元組構」的特性。

斜坡為幫助呈現細木結構的助力

本建築，亦受益於基地為斜坡。由於基地位置屬於準防火地域，如果想實現3層樓的商店建築，必須考慮為防火結構物。以木材為主要結構材的話則需使用「防火木材」，使用細木材則會受到限制。

因此，在本斜坡基上上，則以依靠著斜坡的主入口作為地下1樓，以上有2層樓的設計手法。地上僅有2層樓的話，如果各樓層面積均不滿500m²，則不必以防火建築進行設計。由於這樣的解釋，使得本項目使用細木來組構並支撐3樓層的木造建築，得以在都心的準防火地域中實現。

但是，木組構的外壁，由於有火災時發生延燒的可能性，因此木材必須以不燃木材的方式進行處理。另外，室外的木材，不論是利用藥劑抑制木材白華的產生，或是塗上保護漆等，都是需要2～3年定期檢修塗裝。

店內幾乎以大片玻璃裝修，呈現出由外部木組構包覆的內部開放空間〔照片2、3、圖2〕。

〔照片2〕被木材包覆的空間
樓梯平台觀看1樓店鋪及2樓會議室。店內幾乎以玻璃裝修，不管在哪都可看到地獄組。店內的地獄組則為裝修材，並非結構用途。

〔照片3〕 無柱的內部空間
2樓會議室。店內完全無柱。以3個方向組成的梁，由外部可見的地獄組支撐。內部的門窗或是隔間均以地獄組模組設計，力求風格一致。

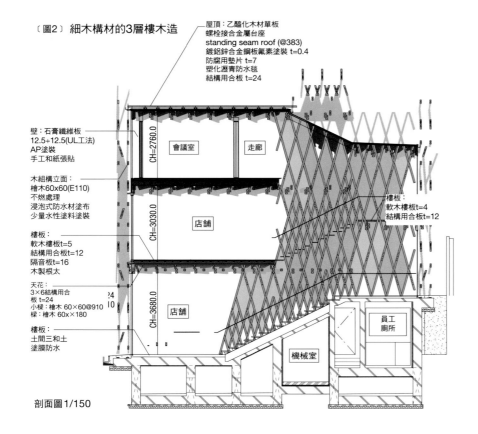

〔圖2〕 細木構材的3層樓木造

屋頂：乙醯化木材單板
螺栓接合金屬台座
standing seam roof (@383)
鍍鋁鋅合金鋼板氟素塗裝 t=0.4
防腐用墊片 t=7
塑化瀝青防水毯
結構用合板 t=24

壁：石膏纖維板
12.5+12.5(UL工法)
AP塗裝
手工和紙張貼

木組構立面：
檜木60x60(E110)
不燃處理
浸泡式防水材塗布
少量水性塗料塗裝

樓板：
軟木樓板t=5
結構用合板t=12
隔音板=16
木製根太

天花：
3×6結構用合板 t=24
小樑：檜木 60×60@910
樑：檜木 60×180

樓板：
土間三和土
塗膜防水

CH=2760.0 會議室 走廊

CH=3030.0 店鋪

樓板：
軟木樓板t=4
結構用合板t=12

CH=3680.0 店鋪 員工廁所

機械室

剖面圖1/150

本店的接待方式亦為獨特。來店的客人首先會被引導到大桌的席位並介紹，接著以免費的鳳梨酥搭配茶來招待客人。試吃後，想購買鳳梨酥的客人則進行選購，就算只試吃後離開也無妨。

「並非只想販賣商品，在一個被木材包覆的空間中感受到放鬆，也是我們服務的一部分。」SunnyHills Japan的營運助理藤岡慧說明到。

當然商品相當受到歡迎，假日時更是要大排長龍的等待。

1樓的店鋪，並非陳設商品而是擺設1張大桌子。訪客則在此接受鳳梨酥及茶的招待。利用部分可開關的開口部或庭園來清洗玻璃。

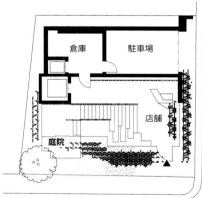

地下1樓平面圖

1樓平面圖1/300

2樓平面圖

SunnyHills at Minami-Aoyama

表参道
青山（通）
東京メトロ銀座線 半蔵門線
東京メトロ千代田線
みゆき通り
プラダ

SunnyHills at Minami-Aoyama
ホテル
フロラシオン青山

0　50m

SunnyHills at Minami-Aoyama

■**所在地**：日本東京都港區南青山3-10-20■**主用途**：店鋪■**地域・地區**：第二種中高層住居專用地域、準防火地域、第三種高度地區■**建蔽率**：58.26％（容許60％）■**容積率**：166.77％（容許281.6％）■**道路面寬**：東7.04m、北5.5m■**停車數**：1輛■**基地面積**：175.69m²■**建築面積**：102.36m²■**樓板面積**：293m²■**結構**：鋼筋混凝土造＋部分木造■**樓層數**：地下1樓、地上2樓■**防火性能**：其他類建築物■**基礎**：筏式基礎■**樓高**：最高8.82m、簷高：9.683m、樓層高3.32m（店鋪）、天花高2.94m（店鋪）■**主跨距**：4×11.1m■**業主・營運**：SunnyHills Japan■**設計・監造**：隈研吾建築都市設計事務所■**設計協力**：佐藤淳構造設計事務所（結構）、環境エンジニアリング（設備）■**施工**：佐藤秀■**施工協力**：三榮設備工業（空調・

衛生）、國興システムズ（電氣）、翠豐（木作）■**營運**：SunnyHills Japan■**設計期間**：2012年1月～10月■**施工期間**：2012年11月～2013年12月■**開幕**：2013年12月21日■**總造價**：不公開

設計者：隈研吾（Kuma Kengo）

1954年生於神奈川縣。1979年東京大學大學院修了。1987年空間研究所設計。1990年成立隈研吾建築都市設計事務所。2008年成立Kuma&Associates Europe（Paris）。2001～2009任慶應義塾大學理工學部教授、2009年起任東京大學教授。

東南面外觀。在住宅區的街道中，造型前衛的建築物。

將非垂直構件完美組裝的幕後藏鏡人

完全沒有1根垂直・水平構件，如果無法將各別不同形狀的接合單元解讀完成，
則無法完成的複雜木構造。為了實現本構造，讓參與的結構設計師及施工單位煞費苦心。

「從設計到施工得以實踐的目標確立大概花了半年的時間。」佐藤秀擔任施工的庭野充木造建築課技術長如此提到。在公司的停車場，製作了一組高約10m的模組，地獄組是否真的能夠以結構體的形式存在，持續用實際的製作來進行檢證〔照片4〕。

自認為是木造愛好者的庭野技術長對當初的設計提案，「就這麼執行的話絕不可能實現。」特別感到不安的部分，為各樓層的樓板梁向外側突出，並由地獄組來支撐的這個工法。

雖然樓板梁是在同一高層並為等間隔，然而因為外部的木組構是以隨機的方式配置，樓板梁可能無法得到木組構的支撐，反而在前端會有出現懸浮在半空的疑慮。

因此，施工單位提出方案，沿著建築物的外圍建立一圈桁，使得樓板梁可以透過與桁接合的方式傳力。「因為是完全沒見過的木造形式，為了確認是一個安全的結構，首先應先避免結構瑕疵的出現。」庭野技術長如此說明。

外圍的桁，也可做為防止漏雨的用途。「就算雨水從外部的梁漏進來也可用桁阻擋，防止浸入室內。」庭野技術長提到。

施工方面，則是由木構件編織而成。大約使用60m³的木材。全部連成直線的話約為5km。所有構件形狀各異，因為組裝順序如有不同則無法組裝，因此每組裝1根構件都要仔細確認其編號〔照片5〕。

「真的要做嗎」

「結構設計與施工都非常困難，真的要做嗎？」提案以地獄組進行組裝的結構設計師佐藤淳先生（佐藤淳構造設計事務所代表）提到，在設計進行的過程中多次向設計事務所確認此事。

當時，佐藤淳思考的地獄組是較為簡單的構造形式。以垂直的面格子組成壁體，接著再進一步組成多面體。然而，隈研吾提到如此期望：「希望可以將面格子傾斜。以希望可以木組構的散落感。」「傾斜就會倒塌，傳力機制較為不利。面對地震力作用時，也可能會挫屈」，佐藤淳先生說。

隈研吾事務所提供的圖面為3D的CAD圖面，接著再由佐藤淳事務所將所有圖面以cm為單位轉成2D圖面〔圖3〕。「如果不做成2D的圖面，就

〔照片4〕Mockup試作中
2012年秋，由佐藤秀施作的地獄組Mockup。是否可以真的成為結構體，透過實際的施工來進行檢證。右邊照片為使用泡棉墊模擬來檢討樓板梁接合的方式。（照片提供：隈研吾建築都市設計事務所）

〔照片5〕所有型狀各異的接合部皆為手工刻製構材皆為大工手作刻製。組裝方式為由下層開始逐步進行。1層約耗時1個月，裝修材的施工約1個月，共計花了約4個月時間組裝。

（照片提供：右邊4張為佐藤秀提供）

無法徹底檢討各個木構件之間的實際接合情況，也無法看到力的傳遞方式」，佐藤淳說。

由於結構形式的複雜，從結構圖面開始進行重複調整的方式與一般的流程不同，計算方法因而改變。普通的計算檢討，是以1根構件的平均斷面進行計算。本案的檢討，是先將全斷面以及有2／3缺口的接合部分類，斷面轉變的地方以接合部假設，就算1個構件接合部，也必須考慮跟數根構件接合的情況。雖然計算作業量更加大，但因為可進行更加詳細的計算評估，因此可以得到並確保此結構體安全無虞的結果。

（作者：松浦隆幸）

〔圖3〕利用2D圖面檢討構件的接合情況

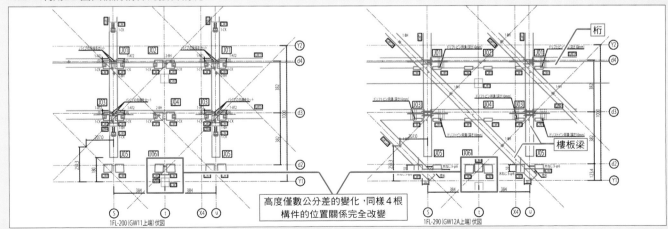

高度僅數公分差的變化，同樣4根構件的位置關係完全改變

佐藤淳先生製作的上視圖。根據隈研吾事務所提供的3D CAD圖面，再轉製成2D的圖面。以公分差為單位製成的圖面，可詳細檢討各個傾斜構件間的接合形狀、力如何被傳遞、同時檢討接合的方法。（資料提供：佐藤淳構造設計事務所）

02

大家的森林Gifu Media Cosmos（岐阜市）

業主：岐阜市　設計：伊東豐雄建築設計事務所　施工：戶田建設‧大日本土木‧市川工務店‧雛屋建設社JV

體驗日本民居般
空氣流動的通風空間

建築及設備一體設計，製造可以體驗空氣流動的建築。
在2層樓的大規模複合設施中設計者伊東豐雄所挑戰的，
為利用上下溫度差使得空氣自然循環的節能空間。

岐阜市立中央圖書館的2樓開架閱覽區。1樓為閉架書庫及事務所。館中藏書1樓可達60萬冊，2樓30萬冊共計90萬冊。座位超過900席。（照片：特別標註外皆由車田保提供）

「感受到空氣的流動」「舒適的空調」。「大家的森林Gifu Media Cosmos」開幕日於2015年7月18日，2層樓的岐阜市立中央圖書館，在半圓形閱覽區下坐著本建築的設計者伊東豐雄先生，從身旁的人們聽到此般不絕於耳的感想〔照片1〕。

在岐阜市的市中心街道完成的複合設施除了做為圖書館外，也可當作市民活動交流中心及展示廳等使用。細江茂光岐阜市長在同為伊東豐雄先生設計的「仙台多媒體展示館」（2001年完工）進行見學時，有感而發地提出，「岐阜也需要這樣的活動設施〔照片2〕。」

2樓的開架閱覽室，在波浪狀的屋頂覆蓋的曲線空間中，透過樓板的輻射冷房與調濕空調的作用，可感受到

〔照片1〕天窗直落的柔和自然光
2樓西北邊的文學角。透過天窗光的通過・反射・擴散，讓頂部的可動天窗進行自然換氣。本區直徑約14m，是所有4種類中尺寸最大的。
三軸編織聚酯纖維上以圓形或六角形的圖案的不織布張貼其上。透過不織布的密度調控風的流動及視線的穿透感，光的方向隨之改變。

令人心曠神怡的微風。

當波浪形套口區的正上方的天窗打開後，腳下的空氣就會往天窗流動。

「考慮設計與設備一體化整合，實現空氣可流動的空間。」伊東豐雄先生道出希望呈現的，就是設計出如木造建築般微風可內外流動的建築。2樓的三個立面上均配置如同緣側般的露臺。

「小家屋及大家屋（大きな家と小さな家）」。從2011年的設計提案開始，伊東先生開始追求的設計概念。目的為反應在複數的「小家屋」配置

下，低層以「大家屋」覆蓋製造出如街道般景觀的場所。在底部的大家屋的內側中央區域，利用上下的溫度差創造自然換氣。這就是伊東先生說的，空氣的流動。也充分從上部灑落的自然光。

雖然一開始提出利用一片片的壁體切割空間如小家屋般的概念，利用從天花懸吊半透明的套口成為解決本項目議題的突破口。

「利用懸吊套口，封閉如小家屋般的概念也可形成開放空間。如大家屋般的空間以薄殼屋頂覆蓋，空氣也可流動於其中。薄殼的上部因為應力較

小，開口自然光也成為較合理的方式。所有解決方式都能合理的提出後，設計就能一氣呵成的完成。」（伊東豐雄）

木造屋頂是由地產的檜木以三角形的格子組裝完成的。「由於沒辦法找到岐阜大多數的大工師傅來參與施工，因此並非使用大斷面集成材，而是提案以較短的木材透過接合的方式層積。」（Arup資深工程師金田充弘）

從「小家屋」到「套口」

伊東先生在本項目中提出的另一個主題為，「整體思考整體施工。」

〔照片2〕將多元的元素整合於1個立面
南側立面全景。
平面尺寸約為88.8m x 79.6m。外圍除了有支撐木造屋頂的T形柱外，亦配置鋼板耐力壁，一部分的鋼構柱裝設有遮陽功能。

1樓的展示藝廊等該如何妥善使用〔照片3〕。設施的理念與使用方法，由岐阜市出身東京藝術大學的教授及兼藝術家日比野克彦先生，透過與市民的對談和工作營的方式彙整。伊東事務所亦派員參加。日比野先生等也參與籌畫開幕時的相關活動。

透過公募就任的圖書館長的吉成信夫先生為岩手縣立兒童館等的推手。「就算在圖書館也可以感受到身心的解放是一件很重要的事。2015年4月到本館赴任時，看到可提供親子寢臥的空間，就有跟伊東先生志同道合的感覺。」吉成先生說。

〔照片3〕透過天花的檜木格柵可見內部配管
1樓的市民活動交流中心（上）及展示藝廊的玄關。為了讓空間看起來更寬廣，天花並不封閉而採用檜木集成材的格柵，展示內部收納的設備管線及配管。

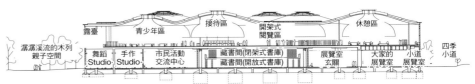

東西剖面圖 1/1,000

〔照片4〕都市綠帶軸線與建築整合設計

西側的「潺潺溪流的木列親子空間」。在寬幅約8m的步道兩旁種植2列桂木及1列常綠樹。東西向約4m、南北向約3m交互間隔的配置桂木，形成「明亮森林」的都市綠帶軸線。主要擔當設計的為東京大學大學院的石川幹子教授（當時）。

〔照片5〕南北向亦有橫跨240m的潺潺溪流

上面照片為由岐阜市提案下整合的親子空間設計。南北向橫跨240m。
在停車場前的岐阜市縣廳廳舍轉向。

〔照片6〕令市長著迷的綠帶景色

屋外緣側所見之2排木列空間。連細江市長對於此處的綠帶景色也深深著迷，木列以4或6列植樹組成。

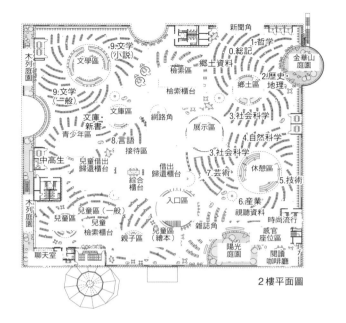

2樓平面圖

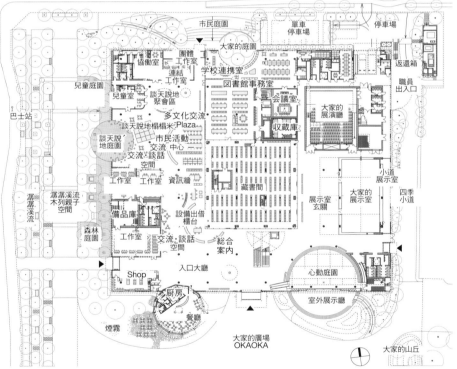

1樓平面圖 1/1,200

大家的森林 Gifu Media Cosmos

■**所在地**：日本岐阜市司町40-5 ■**主要用途**：圖書館、市民活動交流中心、展示藝廊 ■**地域・地區**：商業地域、準防火地域、景觀計畫地域、綠化重點地區、中心市街地活性化基本計畫區域 ■**建蔽率**：50.72%（容許80%）■**容積率**：103.13%（容許400%）■**主要路寬**：東18m、北9m ■**基地面積**：1萬4,848.34m² ■**建築面積**：7,530.56m²（含附屬棟・停車場）■**樓板面積**：1萬5,444.23m²（含附屬棟・停車場）■**構造**：RC造・部分S造（1樓、M2樓）S造・木造／梁（2樓）

■**樓層數**：地下1樓、地上2樓 ■**各層面積**：地下1樓503.8m²、1樓7,348.26m²、M2層746.76m²、2樓6,845.41m² ■**基礎**：地盤改良基樁、塊石混凝土 ■**高層**：最高16.09m、簷高12.21～15.19m、樓高6m（1樓）、6.5～10m（2樓）■**天花高**4.5m（1樓）、5.7～8.7m（2樓）■**主跨距**：9.2×9.2m ■**業主**：岐阜市 ■**設計監造**：伊東豊雄建築設計事務所 ■**設計協力**：Arup（結構、環境計畫、防災／防火）、ES ASSOCIATES（空調／衛生）、大瀧設備事務所（電氣）、藤江和子Atelier（家具設計）、Lighting Planner Associates

（照明計畫）、Nippon Design Center Hara Design Institute（標示設計）、永田音響設計（音響計畫）、安宅防災設計（防災／避難・區劃）、東和プロスペリ（建築積算）、安東陽子Design（字型設計）、東京大學大學院工學系研究科石川幹子研究室（Landscape）、大日コンサルタント（並木道實施設計）

■**施工**：戶田建設・大日本土木・市川工務店・雛屋建設社JV（建築）、朝日設備工業・ダイワテクノJV（空調）、安田・濃尾JV（衛生）、內藤電機・山一電氣JV（電器）、山一電氣（太陽能）、市川工務店（停車場）、丸成林建設・市川工務店・松英組・佐野組・寺嶋建設・井戶順工業・岐阜造園・吉村造園土木・岐東庭園（以上外構）■**營運**：岐阜市 ■**設計期間**：2011年2月～2012年3月 ■**施工期間**：2013年7月～2015年2月 ■**開館日**：2015年7月18日 ■**總工程費**：約125億日幣 ■**設計費**：約3億5,000萬日圓幣 ■**工程費**：40億5,639萬日幣（建築）、8億5,685萬4,000日幣（空調）、3億1,310萬7,000日幣（衛生）、6億30萬9,000日幣（電氣）、1億2,653萬4,000日幣（太陽能發電）

外部裝修

■**屋頂**：超耐久TPO JFE鋼板 ■**外壁**：鋼構部／氟素樹酯塗裝 **外部門窗**：天窗（Panasonic環境Engineering）、天窗可動裝置（滝機械）、木・鋁複合斷熱帷幕（NEWXT）、玻璃窗（AGC硝子建材）■**外構・2樓露臺樓板**：木製樓板（越井木材工業）■**鋪面**：透水性・保水性平板材（日本興業）

內部裝修

■**樓板**：混凝土樓板／滲透性表面強化塗裝／套口下方樓板／磁磚地毯（長谷虎紡績・DIACARPET）Studio樓板／亞麻油毯（Forbo Flooring B.V.）／圖書館事務室■**樓板**／PVC樓板（Lonseal工業）■**牆壁**：Studio・會議室／一體成形混凝土板（太陽セメント工業）潑水劑塗佈、藝廊／人造木材（JAPAN INSULATION CO.,LTD.）EP塗裝、廁所／珪藻土塗裝（Fujiwara化學）、親子室外周壁／珪藻土（Stucco）■**套口區**：三軸聚酯纖維織品（SAKASE ADTECH CO.,LTD.）、特殊不織布（安東陽子Design）

空調設備及其他

■**空調方式**：利用輻射冷暖地板調節居住區域、利用溶液除濕空調系統處理外部除濕、Water Source Heat Pump Systems ■**熱源**：利用地下水排熱回收系統 Heat pump chiller unit、利用太陽能氣冷熱水機（冷卻水使用地下水）■**PAL值**：222.06MJ／m²・年 ■**節能標章**：CASBEE標準3.7（S級）

參觀資訊

■**開放時間**：上午9點～下午9點（圖書館至下午8點）■**休館日**：每月最後一個週二（如遇假期則延後一天休館）、過年期間另行安排 ■**聯絡方式**：Gifu Media Cosmos（電話：058-265-4101）

設計者：伊東豊雄（Ito Toyo）

1941年出生於京城（今首爾）。1965年東京大學工學部畢業。曾任職於菊竹清訓建築事務所，1971年成立URBOT。1979年改名為伊東豊雄建築設計事務所。2010年第22回高松宮殿下紀念世界文化賞，2013年獲得普立茲克獎。

南側入口周邊的黃昏景色。2樓的木造屋頂及半圓形的套口彷彿漂浮在半空。

薄殼結構的優勢衍生出的構造層次

現場使用當地產的泛用材種檜木重覆交疊，利用三角網格層積成薄殼結構系統。
跨距飛越且無柱的廣場因而誕生，頂部利用增減格子的層積數引入陽光。

建築物的整體結構，透過適材適所的方式決定構造形式〔圖1〕。其中最具代表性的屋頂，由斷面20×120mm當地產檜木的三角形格子組將而成。「屋頂形狀是Arup提案的結構系統及組裝方式。透過結構系統產生合理的結構型態，設計跨距飛越且無柱的廣場空間，套口區域的存在更顯意義。」伊東豊雄間築設計事務所的東建男先生提到。

「透過屋頂多變的型態呈現薄殼結構的效果。由於薄殼為透過表面傳力的形抗結構，結構載重負擔較低，結構層可有效減少，因此可較輕易達到透光效果。」（Arup 資深工程師金田先生）

最下層的三角格子間隔約460mm，而其上的間隔增為920mm。下翼板與腹板的組成概念圖〔圖2〕。「利用網格的大小及不同層數可調整結構體的密度。由設計美感及結構之間的調和，整合本次設計的組裝方式。」Arup的資深工程師金田先生提到。

擔任施工的戶田建設，同時也有擔任伊東先生設計，位於岐阜縣各務原市的「瞑想之森市營齋場」（2006年完工）施工經驗。瞑想之森的屋頂為自由曲面的鋼筋混凝土（RC）造。雖然本次為木造，然而利用模板預先製作施工樓板，三角形的網格由下往上依序施工〔照片8〕。

「由於有過在瞑想之森此案的施工經驗，因此就把本項目的施工託付於我。考慮施工工序及流程檢討確實花了不少時間。」戶田建設JV的伊藤智作業所長提到。由於是第一次施作木造曲面，亦在現場組裝mockup確認無誤後才進行施工。

〔圖1〕RC造、S造及木造的混構造

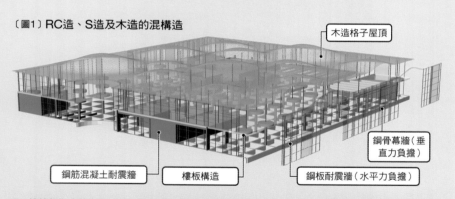

木造格子屋頂

鋼骨幕牆（垂直力負擔）

鋼筋混凝土耐震牆　　樓板構造　　鋼板耐震牆（水平力負擔）

至2樓樓板為止皆為RC造，1樓為具有半徑2m柱頭的圓柱，支撐球形中空樓板。2樓鋼骨柱及四周的T型柱支撐木造的屋頂。（資料提供：伊東豊雄建築設計事務所）

〔圖2〕網格薄殼部分格子的積層數有所增減

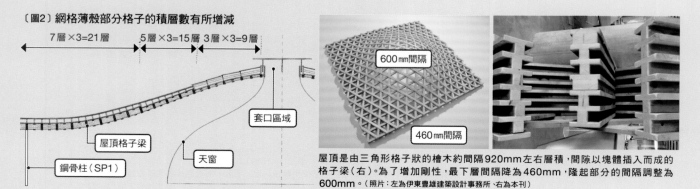

7層×3=21層　　5層×3=15層　3層×3=9層

屋頂格子梁

套口區域

天窗

鋼骨柱（SP1）

600mm間隔

460mm間隔

屋頂是由三角形格子狀的檜木約間隔920mm左右層積，間隙以塊體插入而成的格子梁（右）。為了增加剛性，最下層間隔降為460mm，隆起部分的間隔調整為600mm。（照片：左為伊東豊雄建築設計事務所，右為本刊）

〔照片7〕 複雜的型態以單純的原則完成
2樓以鋼骨柱支撐木造屋頂頂板部分，網格薄殼部分無柱支撐。1樓RC柱頭的平面範圍內，與受屋頂形狀影響需要微調的2樓鋼構柱的位置存在交錯位移關係。網格薄殼的斷面形狀，反應套口直徑的大小以一定的方式決定曲率。「以起伏的位置及形狀而言，並不會感受到網隔由柱所支撐。複雜的型態以單純的原則來完成。」Arup的資深工程師金田先生提到。

〔照片8〕 以模板施作原則設計作業樓板作為格子屋頂施工用
1：大引施工。組裝構台支撐並用來調整高度，以NC加工之曲線狀大引以920mm的間隔並列。大引上部以厚28mm的合板兩枚貼合。 2：完成後的作業樓板。大引上部以厚15mm及12mm寬幅300mm的根太兼用模板交錯貼合。 3：斷面20×120mm的單板，以下埋設墊木（木塊）墊高約40mm後，再以接著材或螺絲進行固定接合。單板是以長4m的檜木製材為單元接合為12m後搬入現場組裝。相同單板之間以金屬接合物進行續接。 4：網隔屋頂的組裝約需8,500人次的人工，2014年6月底至9月底左右共約花了100天。（照片：戶田建設JV）

moreFocus-2
確保局部火災發生時的安全性

利用當地的檜木實現木造屋頂，有著不為人知的辛苦過程。
2樓的書架均用預製混凝土施作，可當作防火間隔用以確保整體安全性。

由於基地位處準防火區域，根據建築規模須達到防火建築物的要求。木造屋頂使用當地的泛用材檜木，防火區劃及防火性能等均須達到日本大臣認定的要求。

首先，如果在2樓套口區下方的空間發生局部火災的話，首先需要驗證「此處的火勢並不會影響其他區域」。

「如果套口區不發生火災的話，那麼木造屋頂已也不需要做延燒設計。但保險起見，則必須考慮若是套口區發生火災的話亦不至於對木造屋頂產生延燒等的安全性確認。」Arup的三澤溫先生提到。

關於書架，將書架區隔，使得即使書本燃燒也不易越過書架區隔的形

式，確保火災時的安全性〔照片9〕。

為了證明本設備的可行性做了自主實驗。製作實際的書架，模擬所有可能的情況，利用火焰燃燒書本5分鐘，確認就算書本著火也不會越過書架間隔造成延燒的結果。

套口區的聚酯纖維本體也是在著火之後，確認不會持續自燃且延燒的

〔照片9〕書架以預製混凝土版製作
PC製的一般用書架。一列尺寸為寬幅900×縱深540×高1,450mm。兒童用的高度為1,200mm。棚架為不鏽鋼板上，置放不燃材包覆的準不燃OSB板作為書架。書架以群組進行區隔防止火災時的延燒。書架後方的套口，則是貼附聚酯纖維三軸編織布或是不織布來達到高防火的需求。

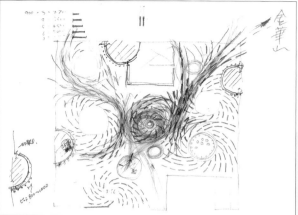

〔照片10〕利用「小家屋」來聚集人流及情報
書架的陳設方式（左）及藤江代表提供的初期手繪稿。建築設計的主要概念為，磁石與周圍的鐵砂間的相互吸引關係。
情報及人流、空氣藉由「小家屋」聚集的概念圖。書架高度較低，書架之間的走道也可確保一定寬度。（資料提供：藤江和子Atelier）

狀況產生。

「由於設定潛在發生局部火災的狀況，平面配置及書本擺放密度、書架中擺放的書籍、甚至是書架的間隔等都是設計重點。降低書架高度，並在整體大空間中分散擺放的位置，書本的擺放密度亦是一般的1／2的密度等，都是在符合防火條件下的改良方法」，伊東事務所的東先生提到〔照片10〕。

其中影響最大的，就是2樓的家具設計。除了將書架以混凝土板預製外，亦考慮了各種不同對策〔照片11、12〕。「在設計過沖繩國際海洋博覽會的PC（Precast concrete）製長凳後，其後也有幾次使用同樣的手法。」藤江和子Atelier（東京都澀谷區）的藤江和子代表的經驗談。混凝土預製的最想小厚度、PC的設計尺寸確認等，都有了一定的設計經驗。

（撰文：森清）

〔照片11〕 不燃材的箱子以檜木板包覆
2樓的雜誌角。如同雜誌架般存放大量可燃物的家具，表面均以檜木OSB板包覆，另外以規定的不燃材來進行內部的箱型書架組裝。「就算是一般常見的家具，因為必須在建築現場以防火式樣進行設計，技術層次上相當高」，藤江代表提到。

〔照片12〕 2樓以不燃紙作為遮光窗使用
2樓的遮光窗（左）須符合不燃要求。由安東代表協調將不燃加工後的和紙提供給加工廠商。以防火加工後的聚酯纖維進行1樓的窗簾施作亦為安東代表的原創設計。

03

大分縣立美術館（大分市）

業主：大分縣　設計：坂茂建築設計　施工：鹿島・梅林建設JV

可動展示空間之上
漂浮的木箱

館藏豐富從傳統作品至現代藝術均有典藏的美術館。
設計者坂茂先生在1樓設計了可連結內外的大規模可變空間，
希望可以創造縣民都可輕易親近的設施。

在杉木斜交材包覆的箱型空間下，與大片玻璃開口連接。面接國道197號的立面，風除室（擋風用）此面外之其他立面皆為開閉式。當玻璃的水平折門打開後，即可產生內外連結的空間。

1樓以無柱空間呈現

2015年4月24日，大分市中心的大分縣立美術館開幕了。主要擔任設計的，為公開競圖中入選的坂茂建築設計。「美術館常常令人覺得難以親近，但我希望設計一座讓縣民都可輕鬆接近的設施」，坂茂先生如是說。

最大的特徵，即是在1樓設計一個具彈性的多功能展示空間〔照片1、2〕。建築物將收藏室或事務室等空間配置在北棟，來館者的主要使用空間配置於南棟。南棟主要樓層配置為，1樓為挑空的中庭及企劃展示室（展示室A）、2樓為研修室或資訊中心等空間、3樓則為收藏展示室或企劃展示室（展示室B）等空間〔照片3～6〕。

南棟的1樓大部分設定為彈性自由空間。由43枚可動牆壁組成，可做為多功能展示空間使用。

當使用多數可動壁時，則可形成與

2014年11月開館試用時的外觀。右邊的人行空中步道與對面的複合設施「OASIS廣場」連接。
（特別註明外之照片提供：平井廣行）

玻璃窗往上折時的南向立面。面向道路的
外部空間與內部空間連成一片。玻璃面與
遮陽的水平板整合在同一面上。

〔照片1〕
1樓中庭周邊。可動壁關閉時，在展示室內進行的開館紀念展。由天花垂下的黃色布幕左邊可見展示室入口。手扶梯往上的2樓，是由上部懸吊。

中庭結合的封閉展覽室、Café或博物館等展示空間。

為了讓可動壁開啟時1樓可以成為一個無柱的開放空間，2樓及3樓使用懸吊結構。因此外部的結構柱只需負擔垂直力，確保廣闊玻璃開口的存在可能。為了使這樣的結構系統成立，除了在地下停車場的柱頭部分設置免震層，在收藏庫一側的結構增加斜撐及剛構架補強以負擔水平力。

增加展示室及收藏庫

此大分縣立美術館，是為了取代於1977年開館的大分縣立藝術會館。藝術會館由於建築物及設備老舊，館內所藏大約5,000件左右的展示品，並無足夠的常設展示空間。縣民強烈希望有個足以發表舉辦文化活動用的開闊空間。在此時空背景之下，「符合新時代需求的美術館」（加藤康彥・大分縣立美術館副館長）隨即進行建設計畫。

〔照片2〕展示藝術品的挑空空間
企劃展示室（展示室A）外配置的挑空中庭內，配置了Café或服務中心、博物館等空間。從天井垂吊的藝術品等，為現代藝術展之作品。

新美術館比起舊的藝術會館，展示室空間為原本了的3.1倍（3,883m²），收藏庫為原有的3.4倍（2,330m²）。呼應縣民們的需求，常設展或特別企畫展皆可展示到從傳統美術展到現代美術展。

開館後不久的黃金週，達到4萬9,000人來館的記錄。因此縣內在7月20日前舉辦的開館紀念展，邀請了縣內的所有小學生依序到館參觀，培養未來的潛在訪者。

〔照片3〕開放的服務資訊中心
懸吊樓板的2樓，主要為研修室或體驗學習室、工作室等來館者的學習體驗空間。相關資訊書籍陳列的服務中心中，椅子等家具上亦有藝術作品展示。

〔照片4〕令人心情平靜的展覽室
3樓的展覽室，於樓板上鋪設20mm厚的橡木地板。空調從一旁的天花吹出。

〔照片5〕使用紙管裝修的Café
面對中庭的2樓Café。桌椅或隔間皆使用坂茂先生得意的紙管裝修。Café的外側，可見懸吊樓板的白色柱。

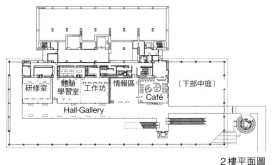

2樓平面圖

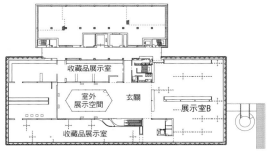

3樓平面圖

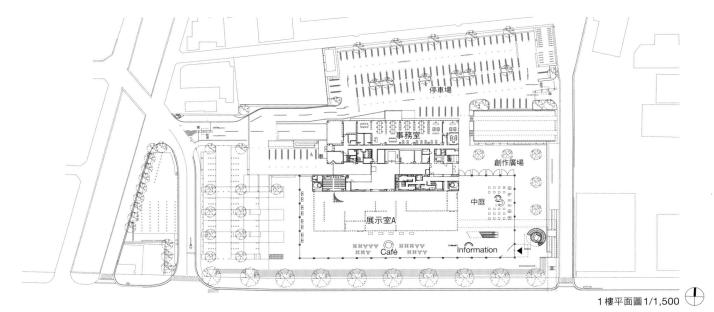

1樓平面圖 1/1,500

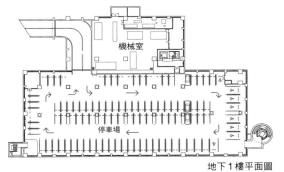

地下1樓平面圖

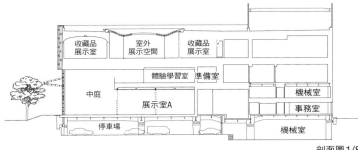

剖面圖 1/800

日本大分縣立美術館（OPAM）

■**所在地**：大分市壽町2-1 ■**主用途**：美術館、高架人行通道 ■**地域・地區**：商業地域、準防火地域 ■**建蔽率**：37.26%（容許90%）■**容積率**：105.15%（容許455.37%）■**面對道路**：南向30m ■**停車場**：250輛 ■**基地面積**：1萬3,517.74m² ■**建築面積**：4,806.18m² ■**樓板面積**：1萬7,213.37m²（不計容積率部分為3,649.8m²）■**構造**：鋼構造、部分鋼筋混凝土造、木造（柱頭免震結構）■**樓層數**：地下1樓・地上4樓 ■**防火性能**：防火建築物（地上1小時、地下2小時）■**各層面積**：地下1樓4,332.86m²、1樓4,368.60m²、夾層1,053.74m²、2樓2,711.32m²、3樓4,228.78m²、屋突518.07m² ■**基礎**：直接基礎、鋼管樁（高架人行通道）■**高度**：最高24.763m、簷高

23.705m、樓高5.5m（地下1樓）、7.0m（1樓）、5.5m（2樓）、5.5m（3樓）、天花高10m（中庭）、5.5m（展示室A）、4.5m（展示室B）、4.0m（常設展示室）■**主跨距**：5.7m×5.7m ■**業主**：大分縣 ■**設計・監造**：坂茂建築設計（含家具）■**設計協力**：Arup（結構，設備）、Studio onsite（景觀）、Lighting Planners Associates（照明）、明野設備研究所（防災）、Communication Design Laboratory（標示設計）、二葉積算（建築積算）■**施工**：鹿島・梅林建設JV（建築）、須賀工業・西產工業JV（空調）、協和工業（衛生）、九電工・鬼塚電氣工事JV（電氣）、梅林建設（外構）、豐樹園（造園）■**營運**：大分縣立藝術文化支持振興財團 ■**設計期間**：2011年12月～2013年3月 ■**施工期間**：2013年4月～2014年10月（建築本體）、2014年

5月～2015年3月（外構・造園）■**開館日**：2015年4月24日 ■**設計・監造費**：3億8,804萬6,400日幣 ■**總工程費**：80億7,820萬9,000日幣（建築：53億429萬7,000日幣、空調：10億4,755萬7,000日幣）

設計者：坂茂（Shigeru Ban）

坂茂建築設計代表。1978年美國南加州建築學院入學，1984年庫珀聯盟學院建築學部畢業。1982年任職於磯崎新事務所，1985年成立坂茂建築設計。2011年開始任職京都造形大學教授。2010年獲得法國藝術文化勳章，2014年獲得普立茲克獎。

〔照片6〕木格子包覆的3樓玄關
常設展示室及企劃展示室（展示室Ｂ）間的連接玄關。平緩曲線的屋頂，為了防止鋼結構結露而以杉木造格子狀結構體及三重膜覆蓋。

moreFocus

鋼骨內藏柱及斜材的呈現

宛如巨大箱子般的木格子，內部是由埋入鋼骨的集成材柱，及縣產的無垢杉木斜材組成。柱或斜材均以木材呈現。不也是利用多層建築來展示木材所能呈現效果的方式。

〔照片7〕利用玻璃夾住木格子的雙皮層表現
3樓的展示室所見的木構架。雙皮層的內部，保留維修用人可通過的空間。

使用縣產杉木無垢材的斜撐（斜材），以及北美落葉松集成材的鋼骨內藏型柱列，包覆3樓外周〔照片7〕。希望塑造大分縣立美術館，3樓部分內外可見的木構架箱子。

希望可以活用縣產材也是大分縣政府的要求。擔任設計的坂茂先生提到，「並非只想做為裝修材，盡可能的想用在結構體上。將斜撐及柱的木材依不同任務分類，構成今日可見的木箱。」

負擔水平力的斜材表現

杉木的斜材，主要功能為負擔水平力的結構。使用一般在市面上流通，斷面120mm×240mm的縣產無垢杉木，將兩根組合使用。因為負擔水平力的斜撐在建築技術規則上並非主要結構部，因此本無垢材不須使用防火披覆。

結構柱主要是以北美落葉松的鋼骨內藏型木質混構造。取得大臣認定的1小時防火時效。此結構柱中，主要由木材負擔防火批覆的任務，可確保火害在延燒到內部H型鋼前則可止燃。

由木構架所構成3樓的柱，相較於1、2樓的柱心位置偏離了約650mm。為了抑制因為此因素所會

斜撐：大分縣產杉木 240×240
杉木 120×240 以螺栓及Epoxy填充接合
白木用木材保護塗料塗布（UV隔絕）

防火集成材：木質混構造集成材
H型鋼200×204×12×12
落葉松集成材披覆
白木用木材保護塗料塗布(UV隔絕)

鋁製壓頂收頭材(鋁笠木)：
鋁板 t=2 彎曲加工BUE

女兒牆頂
(A～G間)+19,790

R1FL (樑頂)+18,020

斜撐材
支撐點中心

幕牆傾斜支撐位置

▽3FL+12,520

斜撐材
支撐點中心

FL t=8
隔熱板張貼

杉木接合部
螺栓及Epoxy填充接合

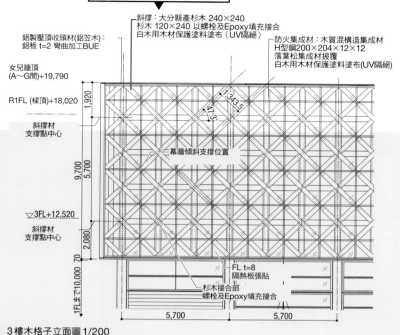

1FL主で10,000

3樓木格子立面圖1/200

〔圖1〕斜撐及柱在結構上分離
取得1小時防火大臣認定的防火集成材柱，由於設計時
材種限定使用落葉松或花旗松，因此並無使用地產的杉
木。而非主要結構材無防火需求的斜撐構件，則用地產
的杉木呈現。因應結構上的需求，在出挑的梁上固定結
構柱。同樣接合在梁上的斜撐，與柱在結構上呈現分離。
（資料提供：坂茂建築設計、Arup）

耐火集成材
木質混構造集成材
白木用木材保護塗料塗布（UV隔絕）
（照片：本刊）

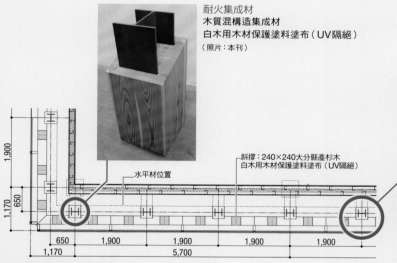

水平材位置

斜撐：240×240大分縣產杉木
白木用木材保護塗料塗布（UV隔絕）

3樓角落平面詳細圖1/100

〔照片8〕交差點於斜撐的杉木上刻製榫接口
木格子施工的風景。在斜撐及柱的交接點，於斜撐杉木上
刻製榫接口，不改變柱的斷面以確保防火性能。

造成結構上的偏心影響，梁及3樓的柱之接合方式則以梁為主架構進行接合〔圖1〕。斜撐也不接於柱上與梁直接接合。因為這樣的接合方式，使得整體構造上不會對鋼骨內藏的防火批覆層落葉松造成損害。

由屋頂層及3樓梁上下兩端固定的斜撐，在中間有2個地方與柱交差。在斜撐材的杉木端開鑿榫接口，在與柱接合時可確保落葉松有足夠的防火批覆炭化深度〔照片8〕。240mm×240mm的斜撐斷面，在考慮榫接口造成的斷面缺損的情況下進行結構乘載力評估。

（作者：守山久子）

04

靜岡縣草薙綜合運動場體育館（靜岡市）

業主：靜岡縣　　設計：內藤廣建築設計事務所　　施工：鹿島・木內建設・鈴與建設JV（建築）

當地木材所設計嶄新的
木造結構大跨距空間

活用地產木材的巨大木造空間誕生。
支撐本設計實踐的為獲得大臣認證並且是史無前例的混構造，
意外的是設計概念源自養樂多罐。

有4座籃球場寬的主要場館。由256根靜岡縣產的天竜杉木集成材，橢圓形並列支撐其上的屋頂。天花的格柵上，為總重2,350噸的鋼構桁架屋頂。（照片：特別標註外皆為吉田誠提供）

　　由橢圓形環繞的256根集成材為架構組成，約為4座籃球場大小的體育館，總共有2,700個座位席。場館的大小以橢圓形的平面投影為例，長向為105m，短向為75m。主要材料為靜岡縣產的天竜杉木集成材，一根長為14.5m，斷面尺寸為360×600mm，將近1噸重。

　　2015年4月2日，位於靜岡市駿河區的工地現場迎來靜岡縣草薙綜合運動場體育館的竣工式。在位於使用約50年的舊體育館旁，由靜岡縣政府購入先的基地並建設完成。在1大1小的兩個體育館內部，呈現外表因覆蓋黑色金屬板而無法想像的內部寬廣木質空間〔照片1～3〕。

　　進入室內後最吸引人目光的，則為集成材柱列組成的主要場館。

〔照片1〕黑色鈦鉛合金板的外觀

東北角全景。右手邊為主要場館，右手邊為次要場館。外裝由垂直彎折的鈦鉛合板鋪設而成。
是在原本就有各種運動設施的靜岡縣草薙綜合運動場的隔壁，購入新地並建設完成。

〔照片2〕次要場館為鋼構造

內部為一座籃球館寬的次要場館，主要為鋼構造及天龍材內裝。亦有市民覺得外觀很像富士山。

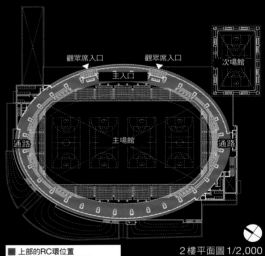

觀眾席入口　　觀眾席入口

主入口

次場館

通路　　　主場館　　　通路

■ 上部的RC環位置
■ 頂部裝設免震裝置的柱

2樓平面圖 1/2,000

〔照片3〕主入口亦木質化

設施的南側，入館者使用的入口大廳。壁面以靜岡縣產天龍材內裝。沿著右手邊的樓梯，即可進入主場館的2樓觀眾席通道。

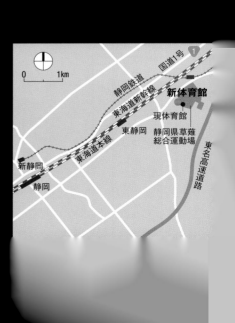

0　　1km

国道1号

静岡鉄道

東海道新幹線

新体育館

現体育館

東静岡

静岡県草薙
総合運動場

新静岡

東海道本線

静岡

東名高速道路

主要空間結構為，鋼筋混凝土造（RC）及木造、鋼構造，上下混搭而成的混構造系統。觀眾席的四周，有一圈寬9m、厚50cm的橢圓形RC環，在此環上承載著木構造的「下屋頂」，以及鋼構造桁架的「上屋頂」。集成材以40～70度往內側傾斜形成柱列，接著再乘載上部重達2350噸的鋼構桁架〔照片4〕。

雖然被內外部的裝修材隱藏而看不見，木構造的外側以鋼構斜撐連接，提高其剛性。集成材僅承受上屋頂的鋼構桁架的載重，水平力則由鋼構斜撐負擔。

設計發想為養樂多瓶蓋

「對我來說是相當珍貴，直覺上就想到這個形狀。」擔當設計的內藤廣建築設計事務所（東京都千代前區）的內藤廣代表提到。靜岡縣政府舉辦的設計競圖，於2011年2月決定了設計者。內藤廣平時在面對設計競圖提案時，都是在考慮基地或氣候等多元條件後，接著進行整理並提出設計方案，然而這個項目並非如此。

在競圖方案提出期限前的幾日。在喝著罐裝養樂多的時候，取下的鋁箔圓形頻蓋吸引了內藤廣的目光。看著輕薄放射狀鋁箔支撐著的瓶蓋，「為何不用木材來形塑這個型態？」內藤廣想著。

另外，瓶蓋的中央橢圓形的平面稍作平整後，將此部分依中心線凹折成斗笠狀，「就形成了有趣的形狀。」（內藤代表）

〔照片4〕相同尺寸的集成材依不同角度排列
集成材長度同為14.5m、360×600mm的相同長度及斷面，可減輕製作上精度的管理並提高效率。每一根均以40～70度不同的角度傾斜而立。

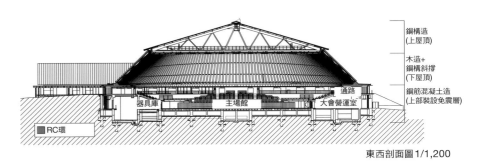

■RC環　　器具庫　　主場館　　通路　　大會營運室

鋼構造（上屋頂）
木造+鋼構斜撐（下屋頂）
鋼筋混凝土造（上部裝設免震層）

東西剖面圖1/1,200

〔照片5〕將鋼構桁架的荷重分散
木構造的下屋頂及鋼構造的上屋頂相互彙整接合。將鋼構桁架的荷重分散並傳遞到木造部。天花的格柵，活用製作集成材時剩下的木材加工而成。結構用集成材，以及天花的格柵，均無以不燃材處理。

〔照片6〕集成材端部無加工
集成材的端部，固定於RC環。此端部並無特別加工，僅插入鋼製BOX中。

東面全景。基地旁堆土形成的小步道，觀眾可從2樓進入。左方為2017年3月結束使用的舊體育館。

透過小型的模型來檢討力的傳遞模式，思考整體結構系統。以RC環為基盤，接著承載上部的木構造下屋頂及鋼構造上屋頂的組成方式，即為此階段的決定〔照片5、6〕。

一般而言，在木構造的大空間中，大多以鋼構造來支撐較輕盈的木構造。顛覆此邏輯的理由為，接下來由內藤廣先生說明。「對於無法進行全面的精確分析，精度管理亦有相當難度的木材，實在沒理由進行這麼大跨距的設計。當然是使用結構分析或施工精度高，如上屋頂的鋼構較佳。」然而，由於是特殊結構系統，需進行性能檢證的構造評定。最終方案，則是在RC環以上的結構部分搭載免震層以符合需求。

東京奧運的集訓場

除了結構用集成材外，天花或壁體的格柵等木材總使用量達1000m³以上。全部使用靜岡縣產的天竜木材。

「因為需要使用大量的木材，在初期就與縣內的林業關係者合作，調配上完全沒有問題。在本體育館內，也預計多多活用並舉辦多元的體育活

■RC環

南北剖面圖 1/1,200

動。」靜岡縣交通基盤部都市局公園綠地課的松蒲賢實課長說道。多元活用的其中一部分，為吸引2020年東京奧運各國區域的參賽隊伍來此進行集訓。其中，台灣的羽毛球隊則預計到此進行集訓。

靜岡縣草薙綜合運動場體育館

■**所在地**：日本靜岡市駿河區栗原19-1 ■**主用途**：體育觀覽場 ■**地域・地區**：市街化區域、法22條區域、第二種高度地區 ■**建蔽率**：18.40％（容許52.08％）■**容積率**：28.06％（容許110.40％）■**面對道路**：西向20m道路 ■**基地面積**：20萬5812.61m² ■**建築面積**：9,701.44m² ■**樓板面積**：1萬3,509.33m² ■**構造**：鋼筋混凝土造、木造、鋼構造 ■**樓層數**：地下1樓・地上2樓 ■**防火性能**：1小時防火建築物 ■**各層面積**：地下1樓749.06m²、1樓8,783.96m²、2樓3,976.32m² ■**基礎**：鋼管樁 ■**樓高**：最高28m、簷高7.9m、樓高4.75m、天花高2.45m ■**主跨距**：103×76m ■**業主**：靜岡縣 ■**設計・監造**：內藤廣建築設計事務所 ■**設計協力**：KAP（結構）、森村設計（設備）、明野設備研究所（防災）、唐澤誠建築音響設計事務所（音響）■**施工**：鹿島・木內建設・鈴與建設JV（建築）、大成溫調・大和工機製作所JV（機械）、SANWACOMSYS Engineering Corporation（電氣）■**營運**：靜岡縣體育協會 ■**設計期間**：2011年3月～2012年7月 ■**施工期間**：2012年12月～2015年3月 ■**開館時期**：2015年4月 ■**設計・監造費**：1億9,528萬3,800日幣（設計1億3,965萬日幣、監造5,563萬3,800日幣）■**總工程費**：57億2,000萬日幣（建築44億5,000萬日幣、機械8億7,000萬日幣、電氣4億日幣）

設計者：內藤廣（Naito Hiroshi）

內藤廣建築設計事務所代表。1950年生。1976年早稻田大學大學院修了。曾任職於菊竹清訓建築事務所等，1981年設立內藤廣建築設計事務所。2002年～2011年東京大學教授，現為同大學名譽教授。
（照片提供：本刊）

施工風景。水平力由鋼構斜撐負擔。
（照片：安川千秋）

施工風景。256根天竜杉木集成材的組成。(照片提供：安川千秋)

防火及結構的關鍵在RC環

RC造及木造、S造的混構造大跨距空間,在日本透過3個大臣認定技術實現。
得以通過嚴格的結構審查及防火性能審查的關鍵,為外周圍繞的RC環。

本體育館,在結構及防火、避難安全等3項上取得日本國土交通大臣認定。每一個單項,都並非根據建築基準法中的告示進行設計,而是以各別的更嚴格地性能要求進行檢證。特別是,結構及防火、與設計的概念及美感有絕對的關聯性,因此透過試誤反覆推敲下才能定案。

在這之中有一個得以讓整體架構滿足需求關鍵部位:圍繞整個橢圓形體育館的RC環。寬幅9m、厚50cm。256根集成材皆以此RC環為基礎。

〔照片8〕利用RC環為「防火阻隔層」RC環沿著空間內側延伸2m。此部分就算在火災發生時,也具有火害不直接影響木材的「防火阻隔層」之重要任務。

關於木造防火設計,則是採用大臣認定的防火性能檢驗法「規則C」。可以滿足此要件的設計方式有2個:第1個方法為,不讓木材著火;第2個方法為,就算著火後也可確保主要結構在火勢被撲滅後不致於倒壞。

本設計採用第1種方式。其重要關鍵為,從預想起火源到木材的垂直距離。根據建築基準法的告示,當起火源離木材距離超過7m時則可避免著火。根據各別性能進行檢證的規則C,雖然不必要遵從此條件,但本設計亦參考此項指標。

「本項目最困難的,就是木材向室內空間傾斜這一點。」擔當防災設計的明野設備研究所(東京都中野區),企劃部的土屋伸一資深工程師提到。可能的起火源中的2樓觀眾席走廊,與其上傾斜的集成材間,如何確保一定的距離為重要課題。

解決此問題的方式,則為承載集成材的RC環。從木材與RC的柱腳接合部向內側延伸2m〔照片8〕。此部分則可做為阻隔火焰延燒的防火間隔,就算下部發生火災,也不會直接影響木材。

2m寬的懸挑,是根據確保可能起火源與木材間的直接距離超過7m的原則設定〔圖1〕。

事實上,雖然RC環亦為內藤廣先

〔圖1〕火源離木材7m遠

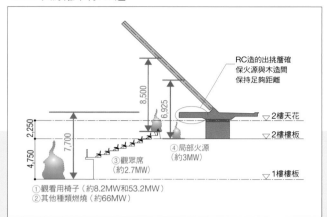

關於防火設計，採用防火性能檢證法之規則C。針對局部火源，木材的任一部位，均與火源之垂直距離超過7m之設計方式。
（資料提供：根據明野設備研究所之資料由本誌製作完成）

〔照片9〕以免震層乘載巨大的屋頂
在2樓走廊並列的32根RC柱上，柱頭皆裝載2組免震裝置。在其上則為支撐屋頂的RC環。

生當時提案結構系統的一部分，然而當初設計幅寬較狹窄。考慮防火性能加大到9m，對於整體結構設計上亦有助益。

在木造大跨距裝設免震中間層

「屋頂搖搖晃晃的擺動，無法將收斂其變形。」擔當結構設計的KAP（東京都涉谷區）的岡村仁代表，對結構設計過程中的情況進行解說。耐震強度高的設計要求是一大難題。靜岡縣耐震設計中所使用的耐震地域係數為1.2，在日本各區域屬最高等級。體育館等公共設施的情況下，本設計值更需乘上1.25倍的重要係數，為一般建築物的1.5倍耐震要求。

在屋頂上加載此地震力後，產生極大的搖晃。雖然將上屋頂的鋼構桁架傳力模式分散，集成材亦盡可能補強其強度，但還不足以負擔此部分強度需求。「為了增加強度，在木造部上增加補強鋼構斜撐以及加大接合部之接合鐵件。然而雖然加了補強鋼構斜撐，卻完全解決不了。」（岡村代表）

為了解決此問題，內藤廣先生提出的方案，為乘載木造部的RC環的免震化。為了在RC環上搭載免震裝置需要增加其寬幅，這樣一來因防火設計而加大至9m的寬幅就發揮了作用。因為確定了免震裝置可搭載在此寬幅上，因此免除了大費周章的變更設計步驟。

免震裝置則在2樓走廊並列的32根RC柱之柱頭上皆設置2組〔照片9〕。雖然是史無前例的為了實現大跨距木造空間而增加中間層免震，但也因此結構分析可更進一步，順利通過結構評定審查。

（作者：松蒲隆幸）

南側使用者入口的景觀。左手邊主場館的屋頂，根據避難性能檢證法規則C之規定設置了排煙口。

05

益子休息站（栃木縣益子町）

業主：益子町　設計：MOUNT FUJI ARCHITECTS STUDIO　施工：熊谷組

利用當地的土及木材
模擬群山形成的連續空間

從建築的形狀至使用材料，運用周邊環境可見的素材而生的益子休息站開業了。
不論是屋頂構架，基礎的土壁等，均是利用當地的土及木材。
就連營運策略也是以社區營造為方向，舉辦各種地區活動為目標。

由3組並列的大跨距集成材構架覆蓋的空間。融合了農產品或加工品的直營、當地工藝家的作品展示、或是觀光及移居者的資料提供等多元功能的空間。
（照片：特別標示外皆由吉田誠提供）

〔照片1〕由矗立於沉穩群山圍繞的田園間
南側山腰所見景色。周邊為群山圍繞的田園地帶，有著廣闊的水田及草莓園。

〔照片2〕玻璃上反射或穿透群山景色
南向正立面。山牆面全以金屬框及玻璃貼附。前方的群山由玻璃反射其景色，後方的的山透過玻璃可見其景色。屋頂最高高度接近10m，5種不同跨距介於14.4m～31.6m間。

　　2016年10月15日，以益子燒聞名的栃木縣益子町內「益子休息站（道の駅ましこ）」開幕了。雖然為縣內第24個，但卻是益子町的第1個。由山形的屋頂連接而成的一層樓建築物，在一片水田中矗立〔照片1〕。

　　擔任設計MOUNTFUJI ARCHITECTS STUDIO（東京都港區）的原田真宏代表提到：「本町第1個休息站，也呈現了益子町的特色。取材基地周邊的景色及材料，思考著如何設計一個如同當地生長出來的建築。」其事務所於益子町舉辦的設計競圖中脫穎而出。

　　緩坡屋頂的造型，則源自環繞著水田區域間沉穩群山的山陵線斜率。若是站在全玻璃的立面前，依著角度及時間的變化，則可感受周圍的群山映入玻璃、或是透過玻璃看到的後方山陵線〔照片2〕。

　　而屋頂本身，則是由8片大小不一的山形構架形成。以3列由2～3片山形構架橫向連接的方式組成，表達如自然山景的景深。構成山形屋頂的梁，選用了當地的杉木集成材。共有5種介於14.4～31.6m的跨距。不同跨距亦由相同斷面的集成材相同斷面的集成材組構而成。而不同跨距的山形構架的強度，則透過調整構架的間距來確保〔圖1〕。

與牆另一面的未知相遇

　　「雖然本休息站內部分隔成不同種類的空間，但也很容易以統一空間規劃。」主要負責營運的町內第三中心，益子町company的支配人神田智規提到其中的理由。並不像傳統休息站的營運方式去對外招募商家，而是由第三中心直營。「直營店或是餐廳、觀光情報等多元的資訊進行規劃統合後發表，依照益子町整體的社區營造方向進行直營。在統一的空間下，就可更輕易的提供常來的使用者相關資訊。」（神田支配人）

　　內部無隔間的手法，則已經在設計初期考慮。「因為在一開始就知道需要設計一個複合空間，因此不進行內部隔間。參觀室內後，就可發現想製

造與未知相遇的構成元素」，原田真宏代表如是說。

在此空間的內部，由2.5m高的壁體將空間分成若干大小的區域。每一片分隔用的壁體，都是支撐屋頂木構架基礎的混凝土壁體。接著再用當地產的土材來做為壁體表面的裝修塗抹材使用。受到這些壁體吸引而來回穿梭於內部空間的遊客，每走過壁體的另一端，即可探索發現不同企劃展示區或餐廳等空間〔照片3〕。

利用率高的廁所空間也整合在1棟建築物內，為本建築物的特徵。

〔圖1〕由相同斷面的集成材組成大小不一的跨距

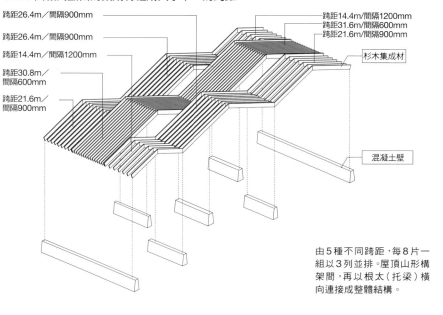

跨距26.4m／間隔900mm
跨距26.4m／間隔900mm
跨距14.4m／間隔1200mm
跨距30.8m／間隔600mm
跨距21.6m／間隔900mm

跨距14.4m／間隔1200mm
跨距31.6m／間隔600mm
跨距21.6m／間隔900mm
杉木集成材

混凝土壁

由5種不同跨距，每8片一組以3列並排。屋頂山形構架間，再以根太（托梁）橫向連接成整體結構。

143

〔照片3〕利用混凝土壁體來柔性分割空間
支撐著山形屋頂的高2.5m混凝土壁體，將內部空間柔性分割。因為天花較高，使用居住型空調及主動式冷暖房空調系統。

食品庫　卸貨區　　直賣所　　　　　大廳　　　倉庫

剖面圖1/800

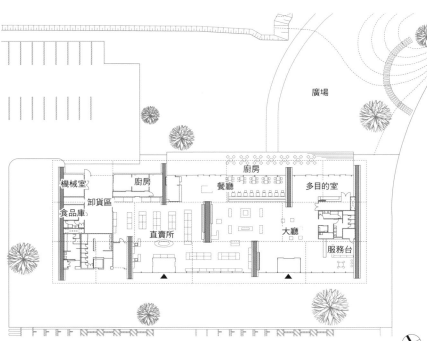

廣場

機械室　　廚房　　　　廚房
卸貨區　　　　　餐廳　　　　多目的室
食品庫
　　　　　直賣所　　　大廳
　　　　　　　　　　　　　　服務台

平面圖1/800

通常休息站均透過多個不同的補助金來建設，因此各補助單位的行政空間部署也會分散各區，造成廁所配置分散的問題。

本設計從一開始就提議將廁所一體化。「考慮到使用方的情況，可以直接在室內使用廁所當然較為方便。同時也比較傳統型的廁所分棟模式的差異，在經過與栃木縣及益子町單位重複討論後的結果，決定僅配置一間廁在建築物內。」MOUNT FUJI ARCHITECTS STUDIO的原田麻魚代表提到。

邁向社區營造

在落地玻璃的大空間基礎上，由於天花最高亦超過9.3m，營運成本及居住性能也必須從設計初期就考慮。利用在混凝土壁體上方吹入的空調系統配置，使得整體對流可在靠玻璃窗時進行換氣。此外，在開口部周邊，配置一整年都可提供穩定室溫、設計在樓板下方的主動式空調系統〔照片4〕。

開業後也頗受好評。第一年度設定來館人數35萬人，以及銷售總額3億日幣的目標。開業後將近一個月即達成10萬人到訪，超過達到預期目標進度。現在，負責人神田的經營策略為鎖定社區營造的模式。「透過執行大大小小的活動，可以將點放大到線或是面的營運模式。並不僅僅是一個觀光據點，希望可以讓整個町一起參與及經營。」

〔照片4〕餐廳區的大開口
北側的餐廳區屋架構架。屋頂梁的跨距為
26.4m，構架間以900mm間隔配置連
接。

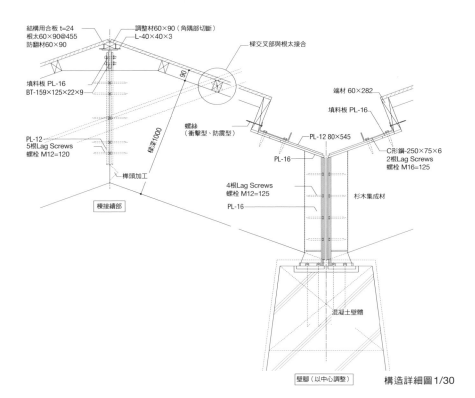

結構用合板 t=24
根太60×90@455
防翻材60×90
調整材60×90（角隅部切斷）
L-40×40×3
梁交叉部與根太接合
填料板 PL-16
BT-159×125×22×9
螺絲（衝擊型、防震型）
PL-12
5根Lag Screws
螺栓 M12=120
榫頭加工
棟接續部
端材 60×282
填料板 PL-16
梁深1000
PL-12 80×545
PL-16
C形鋼-250×75×6
2根Lag Screws
螺栓 M16=125
4根Lag Screws
螺栓 M12=125
PL-16
杉木集成材
混凝土壁體
壁腳（以中心調整）
構造詳細圖 1/30

益子休息站

■**所在地**：日本栃木縣益子町長堤2271 ■**主用途**：休息站 ■**地域‧地區**：都市計畫區外 ■**建蔽率**：8.86%（容許60%） ■**容積率**：7.37%（容許200%） ■**面對道路**：南向9.1m ■**停車數**：150輛 ■**基地面積**：1萬8,011.88m² ■**建築面積**：1,595.26m² ■**樓板面積**：1,328.84m² ■**構造**：鋼筋混凝土造 ■**防火性能**：準防火結構口-1（外壁防火結構） ■**基礎**：布基礎、獨立基礎 ■**樓高**：最高9.953m、簷高2.588m、天花高3.394～9.319m ■**主跨距**31.6（最大）×8.58m ■**業主**：益子町 ■**設計‧監造**：MOUNT FUJI ARCHITECTS STUDIO ■**設計協力**：Arup（結構）、Tetens Engineering Co.,Ltd.（設備） ■**施工**：熊谷組 ■**施工協力**：岩原產業（機械）、九電工（電氣）、Japan Kenzai Co.,Ltd.（木工事）、大幸建設、川田サッシ工業（以上為鋼製家具‧玻璃工事）、久住有生左官（左官工事）、エム‧デザイン‧エンタープライズ（金屬‧內裝工事）、景月（塗裝工事）、Tanico（廚房機器）、栃木縣集成材協業組合（集成材製造）、益子燒協同組合（土材料）、竹村鋼材（鋼製建具計画協力） ■**營運**：Mashiko Company ■**設計期間**：2013年8月～2015年8月 ■**施工期間**：2015年9月～2016年9月 ■**開業日**：2016年10月15日 ■**造價**：8億1,562萬6,800日幣

設計者：原田真宏（Harada Masahiro，左）、原田麻魚（Harada Mao）

原田真宏：1973年生。1997年芝浦工業大學大學院修了。隈研吾建築都市設計事務所等經歷、2014年與原田麻魚共同設立MOUNT FUJI ARCHITECTS STUDIO。原田麻魚：1976年生。1999年芝浦工業大學畢業。

北側的黃昏景色。緩坡木造屋頂與隨機起伏的
群山並列形成特有景深。

moreFocus

以木材為引，佐以陶土塗裝

以當地木材組構而成的山形屋頂。支撐此山形屋頂的混凝土壁體，則由當地的土材塗裝完成。
木材從砍伐階段至製作先行預訂，接著塗裝用的土材再購入益子燒協同組合的陶土。

如同群山綿延的屋頂，並非只是模仿其形狀，材料亦是從周圍的山區調配而來。構成屋頂架構的大斷面集成材，是以八溝杉為主膠合而成。八溝杉是分布在栃木縣北部至福島縣間，自古就以高品質的建築用材著稱。

本案所用的木材，則是以益子町的町有林為主要材料，不足的部分再從附近調配。由於縣內就有製作大斷面集成材的設備，當地取材的木材不用運出縣外即可直接膠合。大斷面集成材的尺寸為高1,000mm寬135mm〔照片5〕。

近年來使用地域材進行大型建築的案例增加，在施工前即進行木材調配作業的情形，主要以公共建築增幅最多。原因則是木材的調配相當費時。如果在當年度發包的公共建築，在施工後才進行調配則完全來不及。

益子休息站也是在施工發包的前一年度，就由益子町協助進行木材的獨立發包作業。因此從砍伐到加工製作的工程就可先行進行。由於經費會預先支付給施工人員，為了不讓工程發包後產生重新加工或是品質出現問題等情形，設計階段就必須進行仔細的查核。「設計方面必須進行避免在

工程發包後不產生尺寸或材積量變更等程度的查核，接著才進行木材的訂購作業」原田真宏代表提到。

8片山形屋頂的跨距雖然介於14.4m～31.6m間，雖然為了完成以同斷面的集成材組成的簡單架構，而進行接合部規格化的設計，然而此作法亦可避免施工發包後的木材尺寸或材積量變更等問題。

利用陶藝專用陶土進行塗裝

為了讓大家更了解益子燒，因此使用了在益子專門用來燒陶用的陶土。土材本身，即為益子町的象徵性材料之一，從2009年開始即展開2年一次的「土祭」活動。

〔照片5〕利用地域材的大斷面集成材
為了反映跨距的大小，構架的間隔分為600mm、900mm、1,200mm三種（照片左）。用來製作大斷面集成材的為當地的八溝杉。
（照片：2張皆由MOUNTFUJIARCHITECTSSTUDIO提供）

〔照片6〕 以土支撐的木材
為了表達以地面支撐木材的意象，以土材塗裝支撐集成材架構的混凝土壁體。

在目標為運用當地材料的進行設計的益子休息站，也使用的益子的土材。也就是應用在混凝土壁體的左官（塗裝）工程〔照片6〕。擔任此左官工作的，為以兵庫縣淡路島為據點，活躍於全日本的左官職人久住有生先生。

原田真宏代表及久住先生等人，到處探詢益子的土材，希望可以找到色澤及強度均適合的陶土〔照片7〕。陶土是一種與建築左官材料不同較為柔軟的材料，施工上較具難度。另外，正式的陶土是由當地統一管理，通常不容易以建築材料的方式取得。因此，特別透過益子燒協同組合的以特例的方式取得。

施工上，亦邀請當地的左官職人一起參與，與久住先生一起共同作業〔照片8〕。此作業形式的重要目的，「從土材的取得階段到加入當地職人的共同施工，都是幫助未來在進行相關維護作業時能順利進行的重要動作」原田真宏代表提到。

擔任營運的神田支配人提到，「以能夠傳遞溫潤感的地產木材及土材來施工，是這個設施最重要的特徵。當地居民也感到很高興。」

（作者：松浦隆幸）

〔照片7〕陶藝用土的轉用
左官職人久住先生等人，尋找著可以適用於建築左官的益子陶土。
（照片：上下皆由MOUNT FUJI ARCHITECTS STUDIO 提供）

〔照片8〕 當地的左官職人進行塗裝作業
為了可以在完工後也可有效維修，邀請了當地的左官職人參與施工。

06

住田町役場（岩手縣住田町）

業主：住田町　設計‧施工：前田建設工業‧長谷川建設‧中居敬一都市建築設計JV　設計協力：近代建築研究所、Holzstr

利用桁架梁及網格壁
設計大跨距木造廳舍

2014年，嶄新的木造廳舍在位於岩手縣內陸的住田町完工。
使用長度及斷面受限的構材，以凸面鏡般的桁架梁及斜向格子交織成的網格壁組構而成。
可根據空間需求輕易實現的大跨距木造構架系統。

南向的住田町役場外觀。由如同凸面鏡般的桁架梁支撐大屋頂。（照片：特別標註外皆由吉田誠提供）

〔照片1〕以四周的雨庇來防雨
以1.8m間隔並列的49組桁架梁。內外皆表現出結構用木材。為了外部壁體的防雨，在建築物外周懸挑3.6m以上的雨庇。

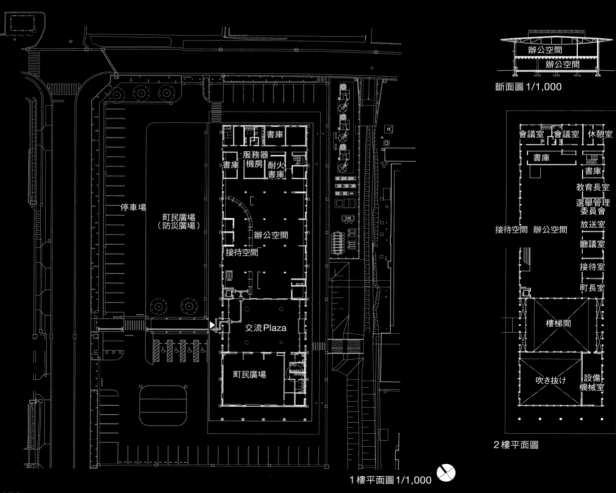

斷面圖 1/1,000

辦公空間
辦公空間

1樓平面圖 1/1,000

書庫
服務器機房
書庫
耐火書庫
辦公空間
接待空間
交流Plaza
町民廣場
停車場
町民廣場（防災廣場）

2樓平面圖

會議室　會議室　休憩室
書庫
書庫
教育長室
選舉管理委員會
放送室
廳議室
接待室
町長室
接待空間　辦公空間
樓梯間
吹き抜け
設備機械室

〔照片2〕 2層挑空的大空間
廳舍的入口處設計2層挑空的交流廣場。4根樹齡約60～140年的杉木圓柱,由於是町民等合力贈與的物品,因此與主結構脫離自立。

2014年9月,被北上山地森林包圍位於岩手縣東南部住田町,嶄新的市役廳舍完工了。為地上2層樓,樓板面積約2,900m²的木造建築。長約76m、寬約22m的長方形建築物中,乘載著一個伸出簷、凸面鏡形狀的桁架架構〔照片1〕。

包含此架構在內,主要結構部位都使用集成材。在總量711m³的結構用集成材中,約有7成使用住田町的杉木或檜木。由於為炭化層(表面就算受到火害結構強度的斷面也不會受到影響的設計手法)設計的準耐火建築物,結構材不須利用披覆防火、室內外皆可以外露呈現。

住田町總務課廳舍建設室的菅野享一室長輔佐說明:「大約10年前,本町就以『森林・林業日本第一』的目標來進行地域振興,設計初期就考慮內外可見木材的木造建築。」

1957年興建的舊廳舍,為一座鋼筋混凝土建築物。在東日本大震災中受損,當局對於無法成為當地災害對策據點深刻反省下,及於想要重建新的住田町廳舍。希望可以在舊廳舍的鄰地盡可能快速的重建,於2012年秋天實施設計・施工的統包競圖。選定前田建設工業等3社的共同設計提案。

競圖的條件為,共同設計以「3社以內」組成,雖然競圖時無法公開社名,然而在設計初期包含造型設計及結構設計其他2公司一起參與,總計有5社一起協同設計作業。

〔照片3〕 展現結構材的準耐火建築物
室內完全無柱及耐力壁的2樓辦公空間。除了空調設備配置處,天花不進行裝修。利用炭化層設計的準耐火建築物,呈現桁架梁及柱等主要結構構件。

堅固的木造骨架

「為了滿足未來幾十年內的任何需求,需要一的不論空間機能如何變更都可柔軟對應的大空間。」擔任造型設計的近代建築研究所(東京都武藏野市)的松永安光代表對於設計基本方針的設定上提出說明。

根據此設計方針,本建築物以4個大空間構成一個簡單的形式。建築物的南邊,由具有2層樓高挑空的交流廣場及町民中心組成的大空間〔照片2〕。辦公室位在地北邊,於建築物的端部配置耐力壁,1、2樓都是具有700m²以上的大空間。此空間亦可利用隔間牆進行空間分割〔照片3〕。

為了實踐以木造進行此具備彈性的高大空間,需要在結構設計及防火設計上下足功夫。

結構設計上,覆蓋建築物的桁架梁構架於外壁設置耐力壁。桁架梁本身是由長約5m的中斷面構材組合而成,橫跨建築物的寬幅21.8m的跨距。

〔照片4〕通心柱以2柱合成
以2層尺寸為150×300mm的杉木集成材合成通心柱。

〔照片6〕利用可以輕易調配的材料完成跨距需求
1樓的事務室中，以跨距7.2m的柱距支撐2樓樓板。7.2m此一跨距，則以可以輕易調配的梁材長度，以及各課室間辦公桌的配置尺寸決定。

此外，外壁的部分隨機配置了2種不同的耐力壁。以結構用合板固定的耐力壁，以及可通風及採光的網格形耐力壁。關於壁倍率，前者約14倍，後者約9倍。岩手縣內的廳舍，雖然需要負擔一般耐震性能1.25倍的耐震需求，因為本建築物的堅固骨架，實際上可達到1.5倍的耐震需求〔照片4、5〕。

無面積區劃的大空間

另外，防火設計方面，則由面積區劃控制。本棟建築物並非位於防火·準防火的區劃內，亦非特殊建築物。因此，受到防火規則限制的，只有其建築規模。

通道　風除室　交流Plaza

剖面圖 1/500

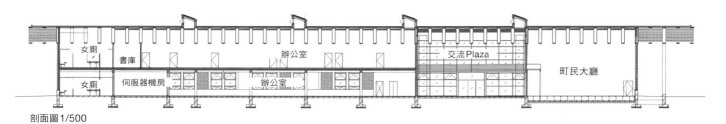

女廁　書庫　　　辦公室　　　交流Plaza　　町民大廳
女廁　伺服器機房　辦公室

剖面圖 1/500

〔照片5〕可以通風採光壁倍率為9倍的網格形耐力壁

西向的夜景。隨機配置的網格耐力壁，壁倍率相當於9倍。由斷面90cm的杉木集成材組成。此可用來通風採光的耐力壁，為結構設計者稻山正弘先生，以及接合金物廠商GrandWax（富山縣滑川市）共同開發而成。

總樓板面積3,000m²以下的2樓建築物，為「法規中非限制的準耐火建築物」，僅要求每1,500 m²進行所謂的「面積區劃」。然而，若以面積區劃進行設計，則較難設計具彈性的大空間。

因此解決的方法，則是利用建築基準法施行令112條第1項。根據此項規定，若在建築物中設置自動灑水器，僅需針對樓板面積的一半進行面積區劃的控制。本建築的狀況，樓板面積2,900m²的一半控制在約1,450m²，剩下的樓板面積因為小於1,500m²以下，故可不用進行面積區劃。建築物的內部亦設置了不破壞空間彈性的滅火器等防火設備〔照片6〕。

同時為獨特木造架構的建築，在設計過程中也導入BIM（Building Information Modeling）的設計手法。「對於町內的關係人員或現場的職人而言，木材的組裝意象可以輕易傳達，木造建築也可輕易用BIM來進行整合」前田建設工業建築事業本部企畫・開發設計部的鈴木章夫部長說道。

整合町內資源建設完成的住田町廳舍，今後將活用2層高的挑空交流廣場舉辦各種活動，並一一探索結合町民依此參與的種種可能。

設計者：鈴木章夫（SuzukiAkio）

前田建設工業建築事業本部企畫・開發設計部長。1959年生。1983年早稻田大學理工學部建築學科畢業，前田建設工業入社。主要經歷為擔當早稻田大學大隈Garden House、福島J Village等項目，業務・商業・能源等相關設施的設計及都市開發。

設計者：松永安光（MatsunakaYasumitsu）

近代建築研究所代表。1965年東京大學工學部建築學科畢業。1972年哈佛大學設計研究所畢業。拜師芦原義信先生。1992年近代建築研究所設立。代表作為中島Curtain（日本建築學會賞作品賞）。2011年開始擔任HEAD研究會理事長。

住田町役場

■**所在地**：日本岩手縣住田町世田米字川向88-1 ■**主用途**：廳舍 ■**地域・地區**：都市計畫區及準都市計畫區外、法22條區域 ■**建蔽率**：30.7%（無規定）■**容積率**：6.6%（無規定）■**面對道路**：西北14.5m、東北9.0m ■**停車數**：61輛 ■**基地面積**：7,881.03m² ■**建築面積**：2,405.42m² ■**樓板面積**：2,883.48m² ■**結構**：木造 ■**樓層數**：2樓 ■**防火性能**：2準耐火建築物 ■**各層面積**：1樓1,682.79m² ·2樓1,200.69m² ■**基礎**：直接基礎 ■**高程**：最高11.23m、簷高8.83m、樓高3.85m、天花高3.51m ■**主要跨距**：7.28×5.46m ■**業主**：住田町 ■**設計・監造**：前田建設工業・長谷川建設・中居敬一都市建築設計JV ■**設計協力** 近代建築研究所（造型）、Holzstr（結構）■**設計監造**：松田平田設計 ■**施工**：前田建設工業・長谷川建設・中居敬一都市建築設計JV ■**施工協力**：岩手電工（電氣）、双葉設備アンドサービス（空調・衛生）、中東、住田住宅產業、坂井建設（以上為木造軸組工事）、中東、三陸木材高次加工協同組合、協同組合SanrikuLumber（以上為集成材製作）、中東、けせんプレカット事業協同組合、秋田Glulam（以上為預切）■**營運**：住田町 ■**設計期間**：2012年12月～2013年7月 ■**施工期間**：2013年8月～2014年8月 ■**開業日**：2014年9月16日 ■**設計監造費**：5,715萬日幣 ■**工程費**：11億9,144萬8,800日幣

2樓的事務室為約600m²的無柱空間。天花可見宛如凸透鏡般的桁架梁橫跨21.8m的跨距。桁架梁並非使用彎曲集成材，而是使用3根長約5m的中斷面落葉松組構而成。

教育委員会 ⑩

目標為建立地產地銷的營運模式

住田町因為是木材的產地，設計團隊在一開始就以地產地銷的木造為目標。加上町內的森林資源或林業相關設備的支援，完工後的維護管理亦游刃有餘，整個設計可說是「為町內量身打造的木造」。

「在當地，大型的木造建築算得上是新鮮的題材」住田町役場項目中主要提供大量結構用集成材的當地集成材工廠、三陸木材高次加工協同組合營業部的野利勝課長提到。工廠常見的木材生產項目，為一般住宅的中小斷面集成材，一旦出廠賣出後，通常不會追蹤其使用的方式。以結構材呈現的本廳舍，現在卻成為會特別為顧客介紹的「展示空間」。

「從參加初期提案時所提出的區域密集型木造建築型態總算完工」，擔當設計的近代建築研究所高山久先生如此說。工程開始進行後就常駐現場，與執行建設作業的當地企業一起溝通調整，執行監造任務。

中斷面集成材構成的22m跨距

從設計初期，就強烈感受到區域整合的重要。「從原木的調配開始，製材、預切、建設，接著維護管理等，可以讓當地的企業一同參與規劃本身，本來就應該是公共工程所需呈現的樣態。很慶幸本次的項目實現的這樣的樣態。」擔任結構設計，Holzstr（東京都杉並區）的負責人，同時也是東京大學大學院木質材料學研究室教授的稻山正弘先生提到。

稻山正弘先生所提到的營運樣態，為利用當地木材設計木造此一流程。設計團隊為了在一開始能順利調配當地木材，因此需針對製材所或集成材工廠、預切工廠等的執行能力，進行事前的調查。

然而町內的現存情況為，大斷面或長尺度的製材或集成材等，在大量調配上難度很高。「利用最長7m的中斷面集成材，該如何創造大跨空間」，為本案實踐的關鍵（稻山正弘先生）。

〔照片7〕集成材的製作到預切都在町內完成
組構網格耐力壁的落葉松集成材，大部分都是委託町內工廠進行製作或預切。各構件均由人力運送，再由現場組裝。
（照片：左邊2張為近代建築研究所提供）

〔圖1〕 由長7m以下的中斷面集成材組構

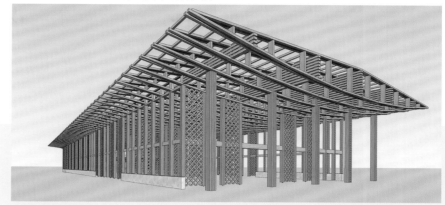

各部位的結構構材均由2～3根長約7m以下的中斷面集成材組構而成。桁架梁為落葉松，通心柱為杉木集成材。除了部分接合部外，皆使用一般市售流通的接合金物。（資料：近代建築研究所）

代表著突破關鍵的象徵之一，為飛越建築寬幅跨距長達21.8m的桁架梁。以1.8m為間隔共計49列。各桁架梁由1根斷面尺寸240×120mm的集成材，在兩側以2根150×120mm的集成材夾住，共計3根組構而成。各構材的長度約為5m。兩側的2根，及中央的1根以端部交錯的方式組構，透過這個交錯部位進行各組構單元的連接，進而實現大跨距結構。下弦材雖然呈現曲線狀，但均由直線的構材構成〔照片7、圖1〕。

並非只是結構用材。用來作為裝修材的杉木，從原木的調配到施工，幾乎全都在町內完成。例如用來裝修耐力壁外部的「雨淋板」，是參考當地的住田住宅產業的工法，委託其施工完成〔照片8〕。「由於是當地唯一的大型設施，大工的投入心情也不同。針對細部也都特別講究。例如，萬一板材產生劣化，亦可藉由部分拆解進行抽換的方式進行。」同社的佐佐木彥代表提到。

此外壁由雨淋板貼附的建築物四周，有著3.6m出挑的外庇。住田町的菅野室長輔佐相當驕傲的說：「由於外壁不會直接受到雨淋的影響，在維護管理上也可較不那麼擔心。施工時也沒有設置鷹架，完全以高空作業車進行施工作業。在當地也屬於維護管理較為簡易的木造建築。」

（作者：松浦隆幸）

〔照片8〕 當地大工的堅持
使用町內杉木製作的「雨淋板壁」，從製作到施工皆委託當地的工務店執行。表面使用不呈現釘接的工法，考慮施工性製作各個單元，以及劣化時的維修更換動作，全都一一檢討。（照片：左邊為近代建築研究所提供）

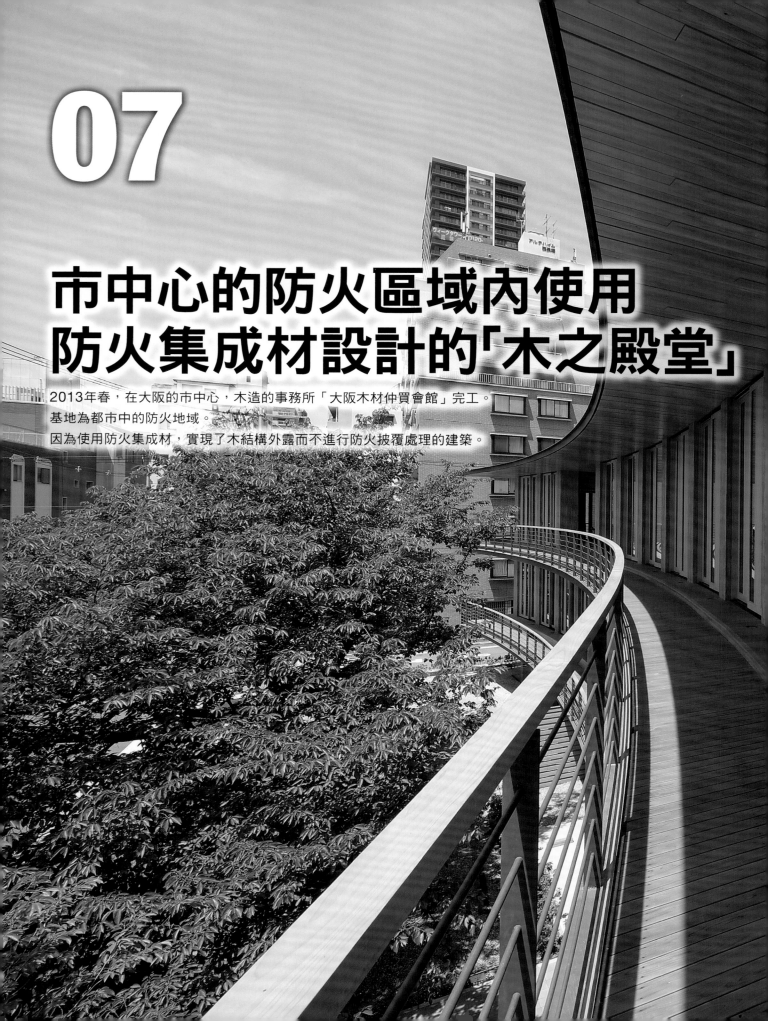

07

市中心的防火區域內使用
防火集成材設計的「木之殿堂」

2013年春，在大阪的市中心，木造的事務所「大阪木材仲買會館」完工。
基地為都市中的防火地域。
因為使用防火集成材，實現了木結構外露而不進行防火披覆處理的建築。

基地在面相西南的角地。本區域為防火地域。雖然使用防火集成材的話可以蓋3層樓高，因為是位於接近海及運河的低地，考慮防水的情況下1樓使用RC造結構。

2樓的事務室。柱樑均為取得日本國土交通大臣1小時防火認證的落葉松集成材「止燃木」。室內為無柱的空間。

〔照片1〕防火木材全在工廠製作
止燃木的構件全在工廠製作，現場不進行加工。柱的標準斷面為470mm方形斷面。樑寬為320～470mm，樑深為780mm，最長可達10m。（照片提供：竹中工務店）

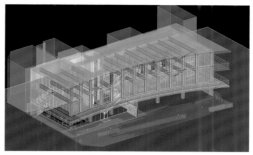

〔圖1〕12列的粗大柱樑構架
柱樑構架以間距2.7m共12列並列。止燃木的外側為炭化層（厚60mm），往內一層為水泥板的止燃層（厚25mm）。（資料提供：竹中工務店）

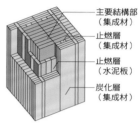

主要結構部（集成材）
止燃層（集成材）
止燃層（水泥板）
炭化層（集成材）

因此，木構造不須以防火披覆處理，可直接以木構外露實現防火建築物。

使用過止燃木的防火建築物案例中，雖然位於橫濱市的商業設施「South Wood」較早開工，但由於大阪木材仲買會館的規模較小，因此搶先完成。

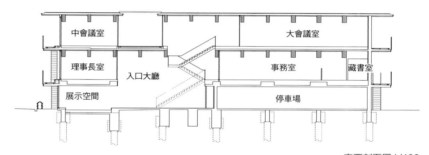

東西剖面圖1/400

應用玻璃來強調木材的存在感

從混凝土到木材－。受到矚目的都市型建築木造・木質化，為近年來代表性的建築象徵。興建超過50年業已老朽的RC建物，漸漸以木造為主體進行重建。針對此一計畫，大阪木材仲買協同組合所提出的設計方針，以「木之殿堂」為概念設計一座可以推廣普及・啟蒙的場所。指名以大阪為據點的3社進行設計提案競圖，最終選擇了竹中工務店。

「原本屬於混凝土及鋼骨的都市，一定可以找到以森林取代的都市樣態。」

〔照片2〕利用混凝土壁體抵抗水平作用力
3樓的大會議室。天花及壁體的木板材，皆無使用不燃處理。雖然主要結構為木造，基地東側（照片的左後方）及北側設置RC壁，用來抵抗水平地震力。

「因此，以木的骨骼為開端，盡可能的在內外空間使用木材，增加其可見度。」擔當設計竹中工務店大坂本店設計第4部門的白波瀨智幸主任說明道。

室內以止燃木為骨架，將粗大的柱樑構架以2.7m間隔並列。牆壁及天花，大部分都以沒受過藥劑處理，無垢的木材進行裝修〔照片2〕。另外讓大家印象較為深刻的，如同木柱般的木製門窗。都市中的辦公室通常以玻璃裝修，給人充滿透明感的印象為主流，「本項目控制玻璃的面積，另外加大門窗的寬度，再以既存的柱包圍，目的在呈現大量木材面的外觀。」（白波瀨主任）

在2樓及3樓懸挑的大面積陽台，其屋簷也以木材進行裝修，外觀引人注目。深度達2m的陽台，也有兼具防雨及遮陽等保護木材的功能。因為各層樓都有陽台，站立於此就可進行木造部份的維護管理。「為了將木材常被詬病的弱點解除，反而設計出一棟跟日本傳統建築長得很像的建築。」白波瀨主任提到。

組合玻璃的遮陽亦然

建築內部隨處可見富含木的普及、啟蒙等意義的設計。大挑空的入口大廳，使用了不同樹種的木板，鑲入格子狀的壁體中展示〔照片3〕。富含並非只是展示用的意圖的，為西向的開口部。以2片玻璃夾住被切削的較薄的杉木板，兼顧半開放遮蔽及遮陽的功能〔照片4〕。

總工程費約4億日幣。內含國土交通省「木造建築技術先導事業」的補助金約8570萬日幣。

完工以來，見學者絡繹不絕。各地的林產業・建築相關人員、甚至議員等都來見學過。「獲得非常大的迴響，從輪班解說的職員就可感受到此氛圍。今後，將更努力推動由此建築物衍生的普及・啟蒙活動。」大町次長期盼的說道。

〔照片3〕 無設置防火設備的挑空空間
位於1樓的大挑空入口廊廳。根據避難安全檢證法（參考第70頁），垂直的開放空間不受此限，因此可設計無須防火設備的清爽空間。

〔照片4〕 木材盡可能的外露
3樓的中會議室。西面面對外部建築物較近的地方，以2片玻璃夾住被切削的較薄的杉木板，兼顧半開放遮蔽及遮陽的功能。

四周被林立的住宅大廈包圍。在3樓的露台,將本協同組合創立以來,一直擺在地面上的白菊稻荷大明神移置此。

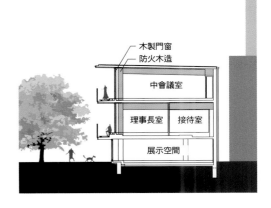

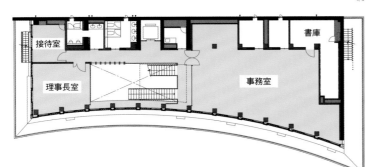

大阪木材仲買會館

■**所在地**:日本大阪市西區南崛江4-18-10■**主用途**:事務所■**地域・地區**:商業地域、防火地域■**建蔽率**:36.96%(容許80%)■**容積率**:68.77%(容許400%)■**面對道路**:南向11m■**停車數**:7輛■**基地面積**:1,226.40m²■**建築面積**:453.27m²■**樓板面積**:843.33m²(其他不計入樓板面積的部分為188.86m²)■**構造**:RC+木造、部分S造及SRC造■**樓層數**:地上3層■**基礎**:摩擦樁基礎■**高度**:最高10.782m、簷高10.372m、樓層高3.75m、天花高3.2m■**主跨距**:2.7×9.0m■**業主**:大阪木材仲買協同組合■**設計監造**:竹中工務店■**施工**:竹中工務店■**施工協力**:大阪城口研究所(空調・衛生)、朝陽電氣(電氣)、三菱電機(升降機)■**營運**:大阪木材仲賣協同組合■**設計期間**:2011年9月~2012年6月■**施工期間**:2012年7月~2013年3月■**開業日**:2013年3月21日■**總工程費**:約4億日幣(內含國土交通省木造建築技術先導事業補助金8,570萬日幣)

外部裝修

■**屋頂**:斷熱毯防水■**外壁**:杉木板混凝土以H-ASC塗裝■**門窗**:木製門窗■**立面**:花崗岩、木塊、草皮、砂礫

內部裝修

事務室・會議室等■**樓板**:楢木無垢樓板t=15mm■**牆壁**:檜木・落葉松無垢板、和紙塗裝■**天花**:檜木無垢板

入口大廳・展示空間■**樓板**:楢木無垢樓板t=15mm■**牆壁**:和紙塗裝■**天花**:混凝土塗裝

穿過基地上的櫻花樹所見景觀。1樓RC結
構上搭載2層樓木造建築。─

moreFocus

與內裝限制的搏鬥

將木材外露的情況下，並非僅考慮結構體的防火特性，也影響著裝修時的「內裝限制」。
雖然室內裝修木材通常以不燃處理，本案例採用避難安全檢證因此木材無需特別處理。

大阪木材仲買會館的牆壁及天花，大量使用無不燃處理的木材。一般而言，辦公室並不常使用此類內裝材。

在日本的建築基準法中針對建築物的用途及規模有相對應的「內裝限制」。大阪木材仲買會館是屬於3樓以上、樓地板面積超過500m²，防火建築物類型的事務所，內裝限制受到規範。為了確保火災發生時的安全，牆壁或天花限定一定要使用「準不燃材」此不易受燃的材料。

然而本建築物中，希望可以盡可能的使用無任何處理的，保留木材香氣的無垢材為主，因此竹中工務店則靠著自我的檢證開發達到此目標。擔任檢證任務，竹中工務店技術研究所構造部防火團隊的出口嘉一主任研究員提到，「因為是以使用無處理的木材為內裝之前提下，首先必須確認避難逃生路線是明確的。」

當時的提案，提出以建築物內挑空的樓梯間，以及陽台東側的外部樓梯等2個地方，作為主要的逃生路線。針對此提案，出口主任研究員提出在新的陽台西側增設外部樓梯，建築內部的樓梯部用作逃生使用。主要的理由，「本棟建築物的所有房間都面對陽台。當發生火災時，總之先逃出陽台，接著再來決定往東還是往西逃較為安全〔照片5、圖2〕。」

大會議室的牆壁NG 2次

在此基礎上所有內裝使用木材，製作了牆壁·天花等實尺寸的實驗試體，針對特定火源進行「火焰傳導實驗」。實驗上特別辛苦的其中一個地方，為在設計上下足功夫的3樓大會議室的牆壁。

實驗式體探討如集成材指接接合

〔照片5〕東西向皆設置避難樓梯
全部房間都面向陽台。為了避難功能，屋簷封邊以採用不燃材。
左上方可見西側的避難逃生梯。

〔圖2〕由木造支撐的陽台
3樓開口部周邊的剖面詳圖 1/60
懸挑2m的屋簷，具有防雨及遮陽等保護木材的功能。各樓層的陽台，可作為用來直接維護管理木構造的場所。雖然屋簷封邊以採用不燃處理的檜木，室內（3樓）則採用無不燃處理的檜木。

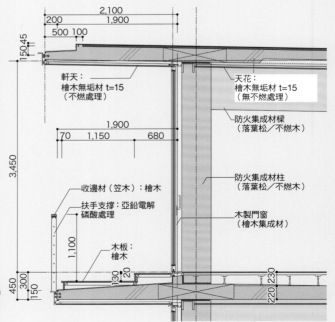

軒天：
檜木無垢材 t=15
（不燃處理）

天花：
檜木無垢材 t=15
（無不燃處理）

防火集成材樑
（落葉松／不燃木）

防火集成材柱
（落葉松／不燃木）

木製門窗
（檜木集成材）

收邊材（笠木）：檜木

扶手支撐：亞鉛電解磷酸處理

木板：檜木

●無處理木材的火焰傳導實驗

試驗物1	試驗物2	試驗物3

   ✕ 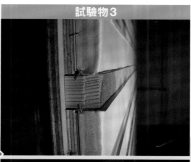 ✕  ○

〔照片6〕採用試驗體3
3樓大會議室的牆壁裝修材在火焰傳導實驗中的檢證過程。全為實驗開始過後165秒的試體。表面呈現凹凸的「試驗體1」及「試驗體2」約在2分鐘後開始燃燒，並產生黑煙。玻璃纖維板夾住兩側，無凹凸狀的「試驗體3」並無產生燃燒現象。

（照片提供：竹中工務店）

般（Finger Joint）交錯交合的壁面形式。然而，在火焰傳導實驗中，僅約2分鐘左右就發生全面燃燒〔照片6〕。

將此交錯接合的間隔改良並加寬後亦產生相同結果，得到壁面呈現凹凸時容易著火的實驗結果。因此，交錯接合的凹面填入鋼板及玻璃纖維板，製作全無凹凸面的壁面，結果全無起燃。根據此實驗結果，最終的設計則採用在火焰傳導實驗下呈現最安全保險結果的實驗體。

根據一連串的實驗，終於可以在室內裝修大量使用無處理的木材。唯一需要注意的，考慮最上層的避難逃生安全性，僅需在2樓事務所的天花裝設準不燃材。

本次的檢證法採用「避難安全檢證法」中的規則C〔圖3〕。從提出實驗方法，直到實驗檢證完成，都可自我實施。最後再經過日本國土交通大臣的認可。雖然是避難安全檢證中最困難的規則，「本設計，除此規則外別無他選。使用避難安全檢證法規則C，接著進行無處理木材的火焰傳導實驗恐怕是史無前例。」出口主任研究員提到。 （作者：松浦隆幸）

〔圖3〕實現高性能的規則C
●基於避難安全檢證法的檢證流程

規則A（規定式樣）
→ 根據本次建築的用途及規模，無法使用無處理的木材。

⬇

規則B（性能規定）
→ 根據嚴謹的計算式推估。基於高安全性能的評估，本建築物使用無處理木材的可能性大增。

⬇

規則C（性能規定）
→ 提出實驗方法，直到實驗檢證完成，都可自我實施。唯須經過日本國土交通大臣的認可。

08

高知縣自治會館（高知市）

業主：高知縣市町村綜合事務組合　設計：細木建築研究所　施工：竹中工務店

兼具防海嘯及中層免震之
都市木質混構造

2016年10月在高知市的辦公室街區，以木構造與鋼筋混凝土造（RC）混構造形式之都市木造完工了。
為了在大地震所引起的海嘯中也能維持機能運作，採用的中間免震的設計。
RC造及木造以箱型進行堆疊的辦公室，可謂都市木造的可能樣態。

以木造興建位於5樓的事務室。照片中沿著開口部所呈現的構材，是可做為隔間使用的交叉斜撐。5樓主要的使用機構，為建設本建築物，並負責營運的高知縣市町村綜合事務組合的事務室。

（攝影：生田將人）

JR土讚線
入明
高知
とさでん桟橋線
高知城
高知県庁
とさでん伊野線
高知県自治会館
はりまや橋
0　　　500m

正面可眺望高知城天守閣的5樓事務室，是一個開放的木造空間。沿著開口部以及隔間分割的木製交叉斜撐，柔性地界定空間。「在開放空間中很好彈性使用。自從搬來這個辦公室後，就常常聽到職員們說著在木造空間中很令人安心的說法。」2016年

10月22日落成，興建高知縣自治會館的高知縣市町村綜合事務組合的山下英治次長說道。

建築物本身位於官廳等林立的辦公大樓街區〔照片1、2〕。地上6層樓，總樓地板面積3,650m²。為一棟1～3樓為鋼筋混凝土造（RC），4～6樓為木

造的混構造。1樓的柱頭裝設有中間免震設備。因為為樓板面積超過3,000m²的事務所大樓，因此為防火建築物。事務所以外，另有縣內市町村專用的會議室及研修室等空間。

〔照片1〕市街區的都市木造
由北側的高知城所見的景象。位於官廳等集中的辦公室街區。基地為防火地域及商業地域指定區。

〔照片2〕 箱型的辦公室大樓
外觀呈現與隔壁辦公室相同，典型的箱型辦公室空間。下面3層為RC造，上面3層為木造，共計6層。1樓的上部設有中間免震層。

RC造的上方堆疊木造

設計擔當是由參加2013年公開競圖獲得首選的細木建築研究所（高知市）負責。細木茂代表提到，以RC造及木造上下混構造進行提案的理由則在以下說明。「因為以使用木材為競圖條件，因此希望可以最大限度地使用木材。」

當將要求的機能進行配置後，就算將基地面積幾乎填滿也需要蓋到6層樓高。因此將無柱的大空間如停車場、大會議室等以RC造配置於下半部。接著，需要進行隔間分割的事務室等空間在上部3層以木造興建，將其堆疊於RC上組構。「當為了滿足各項所需要求及機能，自然就形成這樣的型態了。」細木代表提到（照片3、4，圖1）。

下層還有另一個採用RC造的理由。周邊區域，是曾經在大地震引起的巨大海嘯時有浸水經驗的區域。災害發生時，因為設定本自治體的廳舍機能可作為災害支援的據點，因此採用免震設計使得耐震性能為現行基準的1.5倍。在有限的基地內確保最大的建築面積，免震裝置為了在海嘯中免於浸水的疑慮因此採用中間免震。

利用交叉斜撐設計開放空間

木造部分，主要結構為集成材的軸組系統。為了確保1小時的防火時效，使用以強化石膏披覆達到防火時效的工法。

〔照片3〕交叉斜撐分段輕量化
在開口部並列的交叉斜撐以150mm的杉木角材製成。因為由2根一組的小斷面構材組成，輕量化設計使得材料調配較為容易。柱間距為4.2m。

〔圖1〕上下混構造的木造

南北剖面圖1／400
大會議室等大空間以RC結構配置在下層空間。上面3層以木造軸組工法建設。最上層的中會議室，以木造桁架飛越空間跨距。

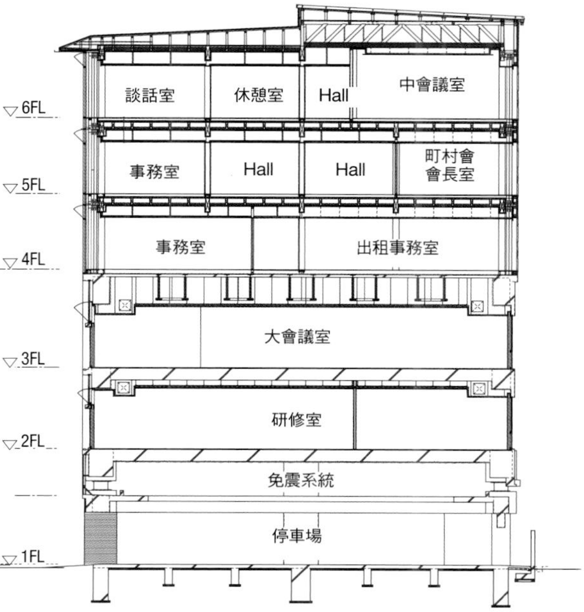

▽6FL　談話室　休憩室　Hall　中會議室

▽5FL　事務室　Hall　Hall　町村會會長室

木造軸組み工法

▽4FL　事務室　出租事務室

RC造・一部S造

▽3FL　大會議室

▽2FL　研修室

免震系統

▽1FL　停車場

〔照片4〕大跨距的RC造空間
平面尺寸為16m×22m的3樓大會議室。與2樓的研修室相同規模。天花或收納棚架以木材做裝修。

〔照片5〕**CLT的隔間**
6樓的談話室。結構柱以210m方形斷面的杉木集成材加以石膏板披覆的方式構成。照片底部的隔間牆為非結構用的CLT（直交集成板）。

〔照片6〕**交叉斜撐隔間的開放感**
室內以檜木製的隔間耐力壁2列並列。因為可以適當的有視線穿透及採光，整體空間相當明亮、開放感十足。

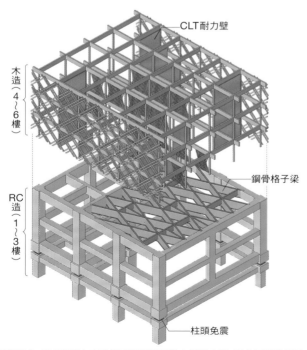

結構概念。在RC造上方的斜交鋼構格子梁上搭載木造，因此可不拘泥於下部RC部的跨距，上部木造可以自由地決定軸組造的尺寸。

■CLT耐力壁（防火披覆）　□CLT非耐力壁（外露）　▨斜撐耐力壁

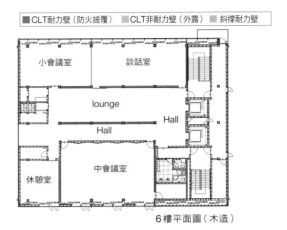

6樓平面圖（木造）

5樓平面圖（木造）

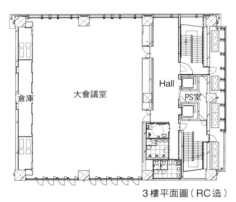

3樓平面圖（RC造）

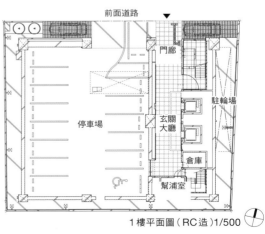

1樓平面圖（RC造）1/500

〔照片7〕柱與交叉斜撐的跨距交錯
在2個柱跨距間加入3組交叉斜撐。考慮
到造型上的美感，以交錯的方式配置。

雖然結構用的柱樑被包覆而隱藏，但是透過木材的裝修將木造軸組的美感呈現出來。另一方面，東西向設置的交叉斜撐製材，因為僅用來負擔水平作用力因此部進行防火披覆，而直接呈現木質感。沿著南北向開口部設置的交叉斜撐，以2根一組的分段的方式組裝，可將各單一構材的斷面有效縮小，在開口部展現輕盈的輕快感。使用的是150mm的杉木角材〔照片5、7〕。另外，室內裝設的2列交叉斜撐，則以方形斷面90mm的細長檜木製材組構而成〔照片6〕。

「呈現適度的通透感，四周亦可透光，整體空間開放且明亮。」細木代表說道。

總木材使用量為474m³。除了一部分的樑使用北美花旗松集成材外，幾乎全為高知縣產的杉木及檜木。在都市中如何實現中高層建築，本案以活用木材的可能性做了最佳示範。

設計者：細木茂（Hosogi Shigeru）

細木建築研究所代表。1947年生。1972年神奈川大學建築學科畢業，MA設計事務所入社。1979年細木茂建築設計室設立。1984年細木建築研究所改稱。主要代表作為「馬路村農協ゆずの森加工場」（2005年）、「北村商事本社社屋」（2013年）。

高知縣自治會館

■**所在地**：日本高知市本町4-1-35 ■**主用途**：事務所 ■**地域・地區** 商業地域、防火地域 ■**建蔽率**：80.96%（容許100%） ■**容積率**：396.42%（容許500%） ■**面對道路**：北11m ■**停車數**：18輛 ■**基地面積**：798.73m² ■**建築面積**：646.06m² ■**樓板面積**：3,648.59m²（內含容積不計入部分390.97m²） ■**構造**：鋼筋混凝土造・一部鋼構造（1～3樓）、木造（4～6樓） ■**樓層數**：地上6樓 ■**防火性能**：2小時防火結構（1～3樓）、1小時防火結構（4～6樓） ■**基礎**：混凝土基樁 ■**高度**：最高30.995m、簷高30.1m、樓高4.2m、天花2.8m ■**主跨距**：4.2m×5.6m ■**業主・營運**：高知縣市町村綜合事務組合 ■**設計監造**：細木建築研究所 ■**設計協力**：櫻設計集團（結構・防火技術）、樅建築事務所（結構）、アルティ設備設計室（設備） ■**施工**：竹中工務店 ■**施工協力**：サカワ（木構造）、ダイダン（空調・衛生）、日產電氣（電氣） ■**設計期間** 2013年7月～2014年3月 ■**施工期間**：2015年6月～2016年9月 ■**開業日**：2016年10月1日 ■**總工程費**：14億2,977萬960日幣 ■**補助金**：1億8,000萬日幣（2013年度・2014年度木造建築技術先導事業）、2015年度永續建築物等先導事業）、1億日幣（高知縣自治會館新廳舍建設事業補助金）等

同時採用CLT的都市木造原型

木造及RC造上下堆疊，亦設置中間免震設備的辦公室大樓，可視為都市木造的原型。
普及率備受期待的CLT，用來作為隔間用的耐力壁也是本案亮點。

「關於木造防火設計，本案是第一次」，雖然細木先生如是說，然而本次防火及木構造的設計，則獲得設計協力的櫻設計集團（東京都涉田區）的安井昇代表及佐藤孝浩先生的協助。

佐藤先生說：「所使用的為既有的技術，並非是創新開發。然而，各個技術間的整合則是新的。」以RC造搭載木造，將不負擔垂直載重的交叉斜撐不做任何處理呈現並非無前例，有

「下馬集合住宅（設計：KUS、2013年完工）」等建築。但是，以RC造搭載木造，並裝設中間免震設備則為第一例。

對於應用既有技術並可確保高耐震性能的建築物而言，期待可成為普及的都市木造原型。因為使用了中間免震，雖然取得了大臣認定，因此建築防火可用普通的設計法確認。「由於是以一般的防火是式樣進行設計，因此大家都可自由設計。本建築物其實並不特別。」安井代表說。

本案新型態的組合模式，由細木代表考慮了如何表現內外的造型美感，透過結構及各跨距間的差異搭配出其間的造型及美感〔照片8〕。利用玻璃帷幕包覆開口部周邊，也是幾多琢磨下的重點之一。在柱樑軸組系統的外部加上交叉斜撐，最上層的木造呈現輕盈的量感〔圖2、照片9〕。

〔照片8〕將各結構間的差異轉化成造型
下層的RC造為格子狀的造型，木造部則以玻璃帷幕包覆交叉斜撐。將結構與跨距的差異直接表現在外觀。

〔圖2〕交叉斜撐同時以出挑鋼構接合

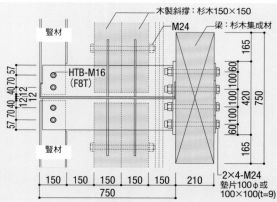

外周的木製斜撐斷面詳圖1/25
用來支撐玻璃帷幕的鋼骨結構，同時用來作為交叉斜撐的接合。

〔照片9〕軸組面外的交叉斜撐
開口部周邊的景象。軸組面外方向為了不露出鋼骨，做為交叉斜撐接合部。

亦採用防火結構CLT耐力壁

全新的組合模式還有其中一點。即為CLT（直交集成板）的使用方法作為木造部的隔間及耐力壁使用。一開始，針對木造部的1小時防火，選用日本木造住宅產業協會中，在軸組木造中所認定的工法來確保設計的成功。CLT僅做為部分不當作耐力壁的隔間牆使用。

但是，變更設計的結果，造成耐力壁設計強度不足，此時高強度的CLT則發揮了其功能〔圖3〕。由於2014年8月實施的日本國土交通省告示861號，使得其有實現可能。因為以隔間牆的防火結構認定，然而CLT的話亦可透過實驗驗證強度，就算不以強化石膏做為披覆亦可實現具備1小時防火的隔間牆耐力壁。可以實現少隔間的開放事務空間，以CLT進行隔間及耐力壁起了大的作用。

（作者：松浦隆幸）

〔圖3〕 150mm厚的CLT耐力壁

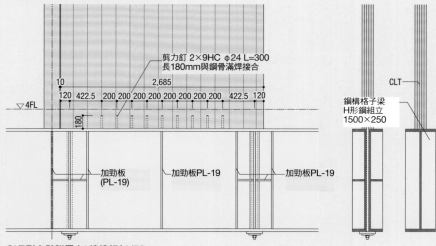

CLT耐力壁詳圖（4樓樓板）1/50
與RC造上設置的鋼構斜交格子梁接合的CLT耐力壁詳圖。以2片強化石膏板作為防火披覆。

09

南陽市文化會館（山形縣南陽市）

業主：南陽市　設計：大建設計　施工：戶田建設·松田組·那須建設 JV

利用桁架及組合柱構成
日本國內最大的木造大廳

為日本國內最大規模的木造公共建築而受到矚目。

可容納1,400人的大廳，立體桁架與耐火集成材組成的柱子成為巨型架構的新方法。

基本設計階段確認之後就先預定原木材，到施工階段材料準備完成。

在入口空間中設置的交流Lounge。擷取象徵圍繞著山形縣8座山設計了8根以圓形並列的柱。每一根柱均以斷面60cm的方形防火集成材，並在其外周以放射松集成材裝修成16角形。（照片：特別標註外皆由安川千秋提供）

位於山形縣南陽市，以防火木造聞名的大型公共設施「南陽市文化會館」，已於2015年10月開幕。在入口大廳空間中，以8根巨大的柱圍繞圓形並列，歡迎來館遊客。進入館內後，則有以大斷面集成材的柱梁系統組構而成，樓板面積約6,000㎡的木造空間。

設施的核心空間，可容納1400人大空間的展演廳，當然也是木造。此部分以箱型外觀呈現（照片1、2，圖1）。「目標為設計具有優越音響性能的木造大展演廳。相同規模的展演廳，恐怕在日本國內也少見。」從設計概念階段一直跟進本項目，南陽市未來戰

略課吉田弘太郎課長輔佐，談到對本項目的建設意圖。

趁著建齡45年，鋼筋混凝土（RC）造的舊市民會館在東日本大震災中受損的機緣，著手進行嶄新設施的設計建設。當時，盡可能的不選用RC造的方式，希望探詢以木造實現的方法。

〔照片1〕高25m的木造館廳
南陽市役所北邊所見的全景。高度將近25m的箱型部分為可容納1,400人的大展演廳。僅有左邊的平房是以鋼筋混凝土造的休息準備區。右上方的照片為2014年10月大展演廳的結構工程完工後的樣子。（照片：右上為戶田建設提供）

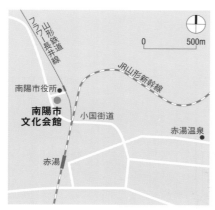

〔圖1〕3棟建築以伸縮縫串連

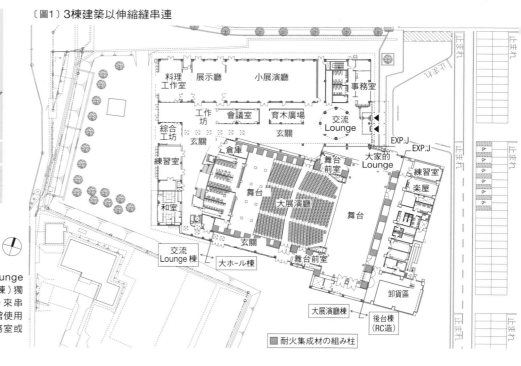

1樓平面圖1／1,200
整體設施是由3棟（交流Lounge棟、大展演廳棟、休息準備棟）獨立結構，以伸縮縫（Exp. J）來串連成一體。1樓的空間為來館使用者的專用區域，2樓則為事務室或倉庫。

■ 耐火集成材的組み柱

〔照片2〕入口玄關為2層樓高的大空間
沿著大展演廳的玄關，是一個2層樓高的大空間。防火集成材的柱、防火披覆梁等均直接呈現
在空間中。右手邊的樓梯，為大展演廳的入口。

大斷面集成材的軸組造

採用木造作為主要結構系統有2大理由。第一為專家的意見。設計當時，音樂家坂本龍一及活動企劃營運等，建設相關的專家委員會檢討所得的結論。現場演奏效果上，委員會中一致推薦木造空間的音響表現。「從做為市民的文化振興、未來的營運面等角度思考，希望可以設計一座連一流的藝術家也願意來表演的展演廳。」在接受的此建議後，吉田課長輔佐如此說明。

第二個理由為，區域經濟的活化。在公共設施的建設中，如果可以活用當地的森林資源，也可對當地經濟有所助益，並期待森林的持續經營及維護。

但是，因為是樓板面積超過3,000m²的集會場所，設施全體一定得為防火結構物。因此設計提案，則由競圖中挑選出的大建設計（東京都品川區）擔任此任務。「利用大斷面集成材的柱梁、以及LVL（單板積層材）的斜撐此簡單的結構系統組成軸組系統，構成大空間的防火木造。」大建設計造型設計室的笠原拓課長輔佐說明〔照片3〕。

柱所使用的產品，為2013年設計過程中，Shelter（シェルター，山形市）所開發並取得1小時防火集成材大臣認定的「COOL WOOD」產品。杉木集成材400mm的正方形斷面外以4片石膏板披覆，表面再以無垢的杉木材進行全面裝修。

〔照片3〕展現結構材
為了讓大家都知道這是一棟木造建築，防火集成材的柱以及LVL斜撐材不進行裝修，直接外露於空間。不負擔垂直載重的LVL斜撐由於並非主要結構，因此就算是防火建築物有不需要進行防火披覆。左邊照片為和室，右邊為規模約500人的小展演廳。

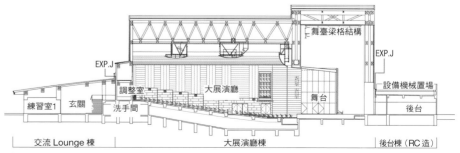

剖面圖1／1,000 大展演廳為沒有2樓座位席的單層斜坡狀剖面。天花最高為15m。觀眾席及舞台上方，可見木造空間桁架。

〔照片4〕28m大跨距

大展演廳的樓板面積約為1,400m²。側面牆壁的上半部,作為結構構件的杉木「組合柱」部分外露。除此之外的牆壁及天花,均採用日本木造住宅產業協會取得的大臣認定標準工法,全部都是防火結構。

〔圖2〕巨大的木造門型構架

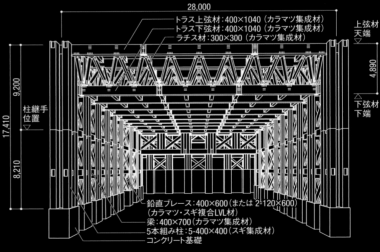

28,000

トラス上弦材:400×1040(カラマツ集成材)
トラス下弦材:400×1040(カラマツ集成材)
ラチス材:300×300(カラマツ集成材)

上弦材天端▽

4,890

下弦材下端▽

9,200

17,410

柱繼手位置▽

8,210

鉛直ブレース:400×600(または2-120×600)
(カラマツ・スギ複合LVL材)
梁:400×700(カラマツ集成材)
5本組み柱:5-400×400(スギ集成材)
コンクリート基礎

大展演廳的木造構架1／1,000

跨距28m的空間桁架,以高17m的組合柱組成門型構架並支撐。數米間隔並列的組合柱間,以梁或斜撐進行連接。巨大的門型構架整體均以防火結構的牆壁或天花板包覆。

〔圖5〕高5m的空間桁架

覆蓋大展演廳的空間桁架。使用比杉木強度更佳的北美花旗松集成材。上下弦材的高度達1m以上,空間桁架整體高度將近5m。由於空間桁架的木材並非防火結構,因此上下均貼附天花及屋頂的防火結構。(照片:2張都由后用建設提供)

〔圖3〕利用5根組成的組合柱單元承受空間桁架的載重

外壁：防火金屬
三明治板 t=50
玻璃棉 (GW) ─M 24kg/m³ t=100充填　Hall 外側

■ 杉木集成材
□ 強化石膏板
□ 無垢杉木板

625　625

625

落葉松集成材梁　　　　　落葉松集成材梁

落葉松集成材梁　　　　　落葉松集成材梁

防火柱
柱材：杉木防火集成材 400×400
披覆材：(內層) 強化石膏板 t=21×4枚
披覆材：(外層) 杉木集成材 t=12

Hall 內側

內部裝修：杉木集成材 t=15
防火披覆：強化石膏板 t=21×2 枚 (兩面)
木製間柱下地 (45×105以上)
GW-M 24kg/m³ t=50充填

大展演廳的組合柱平面圖1／30
以5根杉木的防火集成材組成市松狀的組合柱。除了在展演廳內側外露，其他內外壁皆以石膏板
張貼形成防火結構。

〔照片6〕利用單元模組進行建設作業
柱及梁、斜撐等組構成單元模組後，再以組合
柱進行接合。(照片：戶田建設)

〔照片7〕設施內的展示構件
為了廣為宣傳本棟為防火結構建築，因此展
示了杉木防火集成材的實物。白色部分，是做
為止燃層的石膏板。

包含裝修材的柱尺寸為矩形斷面600mm。

另外，因為梁當時並非認定的防火結構，因此採用日本木造住宅產業協會受到大臣認定的工法，在集成材外施加防火披覆。

巨大的木造門形構架

大展演廳是由驚人木造構架完成〔照片4〕。利用大斷面集成材組構的空間桁架，思考飛越28m跨距的門形構架〔照片5、圖2〕。

一般而言，對於木造的大空間，大多選擇力量傳遞較為容易、構件尺寸較為經濟的拱結構或薄殼結構為主。本展覽廳設計選擇空間桁架的原因，是為了讓音響效果發揮更好，建築物

的剖面以平天花的箱形呈現較佳。因此，形成一個上下弦材的梁深達1m以上，空間桁架的高將近5m的巨大結構物。

在兩端支撐著空間桁架的17m高柱也相當巨大。無法單純以較粗的防火集成材來支撐此類的巨大桁架。幾經思考的結果，以5根防火集成材並列組合成市松狀的「組合柱」。此組合柱的最外緣達1.8m見方〔圖3，照片6、7〕。由於空間桁架所使用的木材並無防火性能，因此以防火結構的牆壁及天花板將其包覆。

從建設開始就備受注目的展演廳在營運上也很順利。「幾乎維持將近80%以上的租借率」，吉田課長輔佐笑著說道。

南陽市文化會館

■**所在地**：日本山形縣南陽市三明通430-2■**主要用途**：集會場■**地域‧地區**：第二種居住地區、法22條區域■**建蔽率**：25.21%(容許60%)、容積率2.76%(容許200%)■**前面道路**：西21m、南6m■**停車數**：400輛■**基地面積**：2萬3,138.20m²■**建築面積**：5,831.70m²■**樓板面積**：6,191.38 m²■**構造**：木造、一部分鋼筋混凝土造■**樓數**：地下1樓、地上3樓■**耐火性能**：1小時耐火建築物■**基礎**：杭基礎■**高度**：最高24.51m、簷高20.04m、天花高2.7m■**主跨距**：7.0×7.0m■**業主‧營運單位**：南陽市■**設計‧監理者**：大建設計■**設計協力**：シアターワーショップ(Theatre Workshop)、永田音響設計■**施工者**：戶田建設‧松田組‧那須建設JV(建築‧機械‧外構)、スズデン(電氣‧舞台音響、照明)、Shelter(木構造製作)、米澤地方森林組合(木材採購)、森平舞台機構(舞台機構)、ヒラカワ(木質バイオマスボイラー)■**設計期間**：2012年12月～2013年7月■**施工期間**：2013年10月～2015年3年■**設計‧監理費**：1億3,215萬7,500日幣■**總工程費(設備用品除外)**：63億5,281萬7,241日幣(建築‧機械‧外構38億3,216萬4,000日幣、電氣3億1,479萬日幣、木構造製作12億6,582萬日幣、木材採購1,521萬6,500日幣、舞台機構2億3,143萬120日幣、舞台音響、照明3億7,422萬日幣、木質バイオマスボイラー5,864萬4,000日幣、外構1億775萬7,750日幣、施工5,277萬2,871日幣)

moreFocus

木材的調配及經費確保為2大關鍵

為了順利實現活用地域材的木造大型設施，重要課題為木材的調配及經費的確保2點。
南陽市文化會館該如何克服此兩大課題。

使用的木材總量為3,570m³。為了製作而需要砍伐的原木超過1萬2,400m³。當地森林也砍伐的約25公頃。

砍伐後大多數的木材，要在特定的區域內進行短時間的調配是極為困難的事。特別是，對於工期要求非常嚴格的公共工程，在工程簽訂合約後再由施工單位進行調配作業，對於符合工期的要求上顯得較為冒險。針對此課題，本案例可做為地域材的活用事例的參考事例。

南陽市的文化會館在計畫以木造

設計初期，就開始演練如何避免木材調配上的風險。「關鍵為分別發包。一般而言，包含在建築工事中的原木調配及木材加工兩個工項，先將其分割採各別發包。」南陽市的吉田課長輔佐說明。

由南陽市取得的發包流程圖及重點以圖4呈現。一開始的重點，如同吉田課長輔佐提到的，為執行分開發包。在此基礎上，原木可進行兩階段的調配。

首先為基本設計完成時的階段，將木材使用量進行概算，向包含南陽市在內的杉木原木採購進行發包

調配作業。接著，根據地2階段施工設計時的計算，進行不足部分的杉木及花旗松採購作業。

如同原木調配般，一起並行作業的還有「木構造製作」。受委託的工廠，首先拿到由市所調配的原木，在經過製材·乾燥等流程後，最後製作成需要的集成材。

此外，木構造製作的受委託者，也必須負責建築構材的品質保證，以及搬入現場組裝前知保管責任。根據此流程，分開發包可能會面臨的構材品質管理及保管責任等問題，都可將責任區分明確化。對於施工單位而

〔圖4〕工程發包前先進行木材的分開發包作業

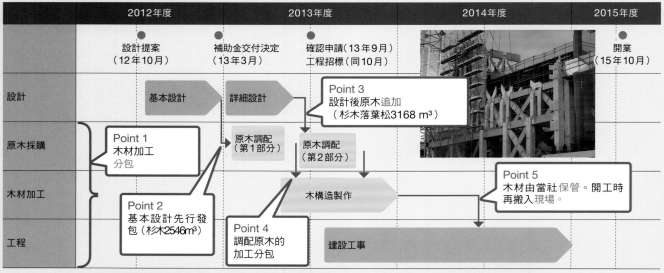

由於判斷工程發包後再進行木材採購發包作業會來不及，因此先進行原木調配及木材加工的分開發包作業。受委託的木構造製作工廠，則需擔負構材的品質保證及搬運至施工現場前的保管責任。（資料提供：根據南陽市提供的資料完成此圖、照片：戶田建設）

〔照片8〕**木材由市提供**
所有的木材，皆由南陽市提供給施工單位。照片為大展覽廳的內壁上呈現的防火集成材柱的裝修材。

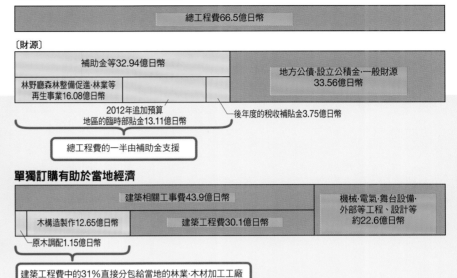

〔圖5〕**利用分開發包轉動地域經濟**

總工程費66.5億日幣

〔財源〕

補助金等32.94億日幣		地方公債·設立公積金·一般財源33.56億日幣
林野廳森林整備促進·林業等再生事業16.08億日幣		

2012年追加預算
地區的臨時部貼金13.11億日幣

後年度的稅收補貼金3.75億日幣

總工程費的一半由補助金支援

單獨訂購有助於當地經濟

建築相關工事費43.9億日幣		機械·電氣·舞台設備·外部等工程·設計等約22.6億日幣
木構造製作12.65億日幣	建築工程費30.1億日幣	

原木調配1.15億日幣

建築工程費中的31%直接分包給當地的林業·木材加工工廠

總工程費中，扣除設計監造及部分製品還有約63億5,000萬日幣的工程費。建築相關工程費中，約有3成進行木材調配等分開發包作業，對於轉動地域經濟帶來極佳效果。

言，主要領取由南陽市負責品質管控的木材進行施工。

從原木調配到木材製作約耗時1年的時間。以此時間往前推算，從現場施工開始進行的時間點前，就必須調配所需的木材〔照片8〕。

建築工程費的3成發包給當地

分開發包其實也考慮到了對當地經濟的影響效果。通常，原木調配或是木材加工是以建築工程的一部分進行發包作業，例如當地企業若接的下包的工程通常價格會是折扣後的價格。「雖然做的是同一個工作，如果是下包單位的話價格就會打折扣，若是以直接發包作業則可拿到足額的工程費。此外，各別的品項製作完成後，不用等到建築工事完成即可收取款項。這之間的差

別，對當地經濟的影響非常大。」吉田課長輔佐說明。

南陽市文化會館的情況為，地域間直接產生的經濟影響效果，包含原木調配及木構造製作工事等工程費總額將近14億日幣。此金額約占建築工程費44億日幣中的3成〔圖5〕。以南陽市為中心，周邊森林砍伐的面積達25公頃，調配的杉木及落葉松等原木達5,700m³，相當於整體原木用量的46%。

市府負擔金額約占一半工程費

木材調配的同時，吉田課長輔佐再三強調，確保經費來源的重要性。南陽市文化會館的總工程費，包含設備用品等約需66億5,000萬日幣。在這之中，從南陽市年度經費預算中支出的，包含舉債費用共

達將近23億日幣。

「為了建設此設施而花費的經費相當巨大。」33億日幣為國家補助金及交付金。另外10億日幣由市政積金當中支出。

關於林野廳的補助事業，將本案的詳細資料及模型藉由反覆的說明，最終被接受採用。今後將以「地域材防火木造之大規模公共設施」此名稱受到全日本的關注。

從施工時就一直參訪視察的單位，完工後還是持續關心。最大的關注點還是經費的確保。「地方自治體活用地域材實現建設大型設施的秘訣，為可能的確保木材調配及財源。行政上雖然看起來輕鬆，實際上卻是苦差事」，吉田課長輔佐補充道。 （作者：松浦隆幸）

10

利用「木─鋼混合結構」
實現60m出挑屋頂

2019年11月完工為目標，工程持續推進中的新國立競技場。覆蓋觀眾席長達62m出挑的懸臂梁屋頂構架，為木及鋼的混構造。2017年5月開始進行實大屋頂的鋼構施工準備，進行施工順序及確保安全的檢證。

2020年東京奧運的主場館為新國立競技場。屋頂為覆蓋觀眾席的巨大出挑結構。從觀眾席往上看，似乎是巨大的木造建築〔圖1〕。

執行整個項目的，為由大成建設‧梓設計‧限研吾建築都市設計事務所組成共同企業體（JV），其中負責造型設計的建築師限研吾先生提到，「日本木造的纖細感也能在巨大建築中呈現。希望可以讓在新國立競技場當中走動的觀眾，感受到如參訪寺社般的感受〔圖2〕。」

懸臂形式的屋頂架構，以2根上弦桿及1根下弦桿組成桁架結構系統，以鋼材組構成立體構架。出挑長達62m。將3層看台完全覆蓋的大屋頂。屋頂的自重由場館外圍的2列柱支撐。

〔圖2〕活用國產中斷面集成材
上面為新國立競技場的內觀意象圖。大斷面集成材僅能在工廠當中進行加工，因此選用中斷面集成材。斷面的最大尺寸為短邊12cm，長邊45cm。以下為外觀意象圖。覆蓋外壁的格柵為105mm的角材在斷面方向進行3分等切割。選用一般市面常見的木材可有效抑制價格成本。

〔圖1〕木造覆蓋的新國立競技場觀眾席
懸臂形式的屋頂在結構上以鋼構造（S造）為主，然而透過木材組成「混構造」，可提供結構鋼性並抑制變形。
（資料來源：技術提案書〔2015.11.16〕，大成建設‧梓設計‧限研吾建築都市設計事務所共同企業體，透視圖為當時技術提案時的影像，可能與實際完工有差異。）

〔圖3〕木材並非構造上的「天花」

斜材
國產杉木

下弦材
國產落葉松

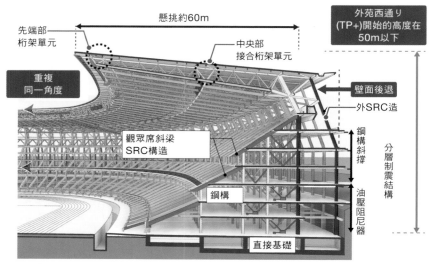

懸挑約60m

外苑西通り
(TP+)開始的高度在
50m以下

先端部
桁架單元

中央部
接合桁架單元

重複
同一角度

壁面後退

外SRC造

觀眾席斜梁
SRC構造

鋼構斜撐

分層制震結構

鋼構

油壓阻尼器

直接基礎

屋頂架構的剖面圖。2根上弦材與1根下弦材間以鋼材進行立體連接。鋼材除了可做為抑制上弦材及下弦材的挫屈外，也有擔任屋頂構架的斜撐材的任務。屋頂為材料認定的防火結構。主要結構為鋼構造的桁架，並非防火性能檢證的目標對象。根據建築法的定義，在屋頂上的木材主要做為裝飾材使用，並非是「天花」的必要材料。

新國立競技館的利用棚架量體及屋頂的斜率的控制，將總高控制在49.2m。以三角形斷面的屋頂桁架在橢圓方向連續展開成單純的形狀，表達構件重複的美感，及反應追求施工合理性的結果。

雖然木材為屋頂架構的主角，但事實上並非「木造」。屋頂桁架的結構在建築基準法定義上，屬於鋼構造（S造）。建基法中規定的長期·短期荷載等所產生的應力，皆由鋼構造負擔壁進行檢核及設計。

為了表達「日本風」的體育館，因此以活用木材為前提進行設計。然而，因為防火等的限制，限研吾提到「不可能完全以木結構進行設計。」透過各種不同造型的屋頂提案討論，終於使的以集成材夾住鋼構造的「木及鋼的混構造」屋頂桁架成形。

利用木材抑制屋頂受風的晃動

觀眾席上出挑長達60m的鋼構造屋頂架構，此出挑長度成了設計的重要課題。為短期荷重下產生的振動。特別在高處設置的屋頂容易受到牆風的影響。因此，設計團隊提出把與鋼構組合成混構造的木材當作結構材設計的提案。

大成建設的執行總監，設計本部的副本部長細澤治先生提到，「由於強風及地震的影響，抑制屋頂的上下振動需要下足功夫。木及鋼的混構造，木造部分在短期荷載的影響下起到了提供剛性並抑制變形的任務。」

H型鋼與集成材組合而成的混構造構件，主要做為桁架材或下弦材〔圖4〕。大成建設由於假定屋頂構架主要使用混構造的構件，因此針對木材到底可以承受多大的軸力進行實驗。

「純鋼構」與「混構造」的剛性比較。結果顯示，混構造在剛性上較純鋼構在桁架材約提高10%、下弦材約提高25%的剛性。木材因為「纖維管束」的特性，因此具有在纖維方向的剛性優異的特性。

大成建設構造研究室木·鋼團隊的森田仁彥組長提到，「做為下弦材使用的落葉松其材料具有高剛性及高耐力的特性。」屋頂構架所使用的木及鋼體積比為1比0.6。亦即，木材所使用的部分，可較為大量的呈現在觀眾面前。另外，重量比亦較鋼構大，試算結果木材約為其10倍。

中斷面集成材為木材的主角

在新國立競技場的建設中，主要使用的為一般的中斷面集成材（斷面短邊7.5cm以上，長邊15cm以上）。設計團隊在設計屋頂構架時，為了表現木材的特徵也考慮過大斷面集成材（短邊15cm以上，斷面積300m²以上）。

但是，大斷面集成材僅能在工廠加

工。施工現場也常常反應，「大斷面集成材因為較重所以施工上較費時。」

2016年12月開始新國立競技場正式開工，工期預計為36個月。2018年2月開始，預定開工的屋頂構架成為整個項目是否可順利進行的關鍵。重點為如何活用日本全國的集成材工廠及預切工廠中，均可生產的中斷面集成材。選用的集成材斷面。斷面短邊為12cm、長邊為45cm。

至於木及鋼的混構造，材料性質相異的兩個構造不以膠合劑進行一體膠合。木材的剛性因為可在壓縮及拉伸兩向均有效發揮，因此在木材及鋼材的構件軸方向以螺桿接合。並使用防脫落的螺桿接合〔圖5〕。屋頂因為會重複受到強風等外力的作用，為了維持整體屋頂的品質因此也必須採用防脫落螺桿。

抗拉螺桿一般用於傳統建築的修復用。新國立競技場希望也可以成為東京奧運後，持續使用數十年的重要遺產建築物。考慮到經年變化，設計團隊也思考了未來如何較容易地維護管理的方式，物理意義上選擇了以木材和鋼材接合的方式。

屋頂工事以相同斷面的屋頂單元依序施作的方式進行〔圖6〕。1組屋頂桁架分割成3個單元，在體育館的四周一共設置的108列。屋頂桁架全周長60m，根據平面形狀出挑的桁架尺寸亦有微調。主立面及背立面側的屋頂桁架深度靠基礎部分為7.2m，先端部為6.3m。兩側的屋頂桁架深度

則分別為7.1m及3.1m。在地面組裝完成的單元，接著以場館內外架設的塔吊進行吊掛作業，再以高張力螺栓進行單元間的接合。

根據2015年的技術提案書，屋頂架構如果包含橫架材或照明設備等，1個單元的總重最大達50噸〔圖7〕。

屋頂工程是從舊國立競技場的青山門那一角開始。分為順時針跟逆時

針2班同時進行作業。每1班計畫每天組裝1組單元。已經完成架設的單元部分，因為使得塔吊的作業範圍變小，架設工程在後半段會愈形困難。屋頂工程期間，地面結構工程及裝修工程也都持續進行著。由於基地範圍有限，地面組裝工程的速度該如何加快是目前的一大挑戰。

〔圖4〕活用日本全國的集成材工廠

使用中集成材的構件

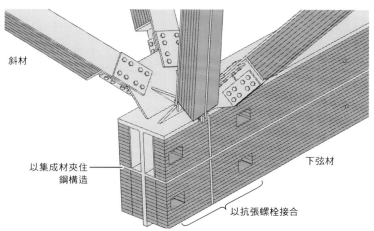

斜材

以集成材夾住鋼構造

下弦材

以抗張螺栓接合

集成材及鋼骨的接合部。因為將集成材的斷面壓縮至中斷面集成材，因此活用日本全國的集成材工廠及預切工廠進行製作，克服了施工期的問題。

〔圖5〕 以抗張螺栓接合鋼及木

接合部詳細

抗張螺栓の接合概念圖

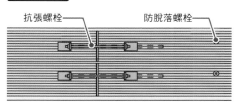

抗張螺栓　　　　　　防脫落螺栓

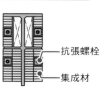

抗張螺栓

集成材

在構件的軸方向以抗張螺栓進行接合，形成利用木材在抗張及抗壓剛性均能有效發揮的混構造。圖4及圖5的混構造結構圖，為當時技術提案時的意象圖。

開始進行的實物大單元實驗

擔任業主的日本體育振興中心（JSC），2017年5月中旬開始在建設預定地南邊的空地，進行實物大小的屋頂單元mockup施工檢證。在品質及安全性兩方都可確保的條件下，訓練如何以短工期完成屋頂工程的手法。

JSC新國立競技場設置本部的下野博史總代表提到，「總共製作了2個實際大小的單元。單元的接合順序也一一確認，同時也想檢證安全並且施工快速的方法。」

木及鋼的混構造在施工上需要特別小心。鋼構不小心壓到木材，則會造成木材的凹陷。日本文化的纖細感不僅體現在完工後的場館景觀，施工現場也處處可見。　　（江村英哲）

〔圖6〕以2班進行屋頂的架設

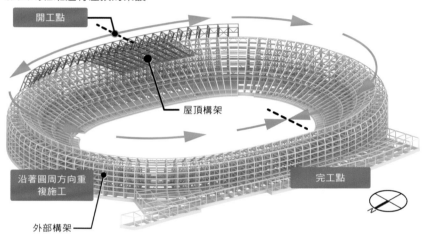

屋頂工程於2018年2月開始進行。在地上組裝完成的屋頂單元分2班組裝108列後連結。

〔圖7〕1天1班組裝1組單元

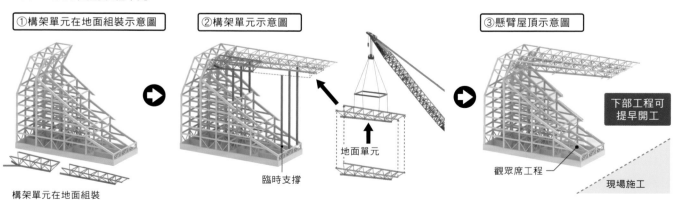

屋頂單元的施工順序。耗時9天才能在地面組起1單元。接著屋頂單元分成2組分別以塔吊進行吊裝。組裝方式為技術提案時的想定方式，與實際現場施工可能有差異。

設計者問答 **隈研吾**先生 隈研吾建築都市設計事務所

利用中斷面集成材，開啟中小企業門戶

新國立競技場的屋頂構架為木及鋼的混構造，木材以中斷面集成材為主。木材的使用方式在參加競圖期間就已經決定。因為屋頂構架為鋼構造（S造），通常觀眾抬頭往上看時會看到H型鋼，然而本項目在H型鋼的腹板，及觀眾抬頭往上看的翼板以木材披覆。這是為了讓觀眾第一眼看到的就是木材而下的功夫〔照片1〕。

研究顯示在木材包覆的空間當中，人的壓力也會隨之減低。對於到訪新國立競技場的觀眾，可能也會感受到拜訪神社的感覺。覆蓋外壁的格柵，是由木材斷面105mm的木材延斷面方向切成3分之1使用。因為

這是最省錢的做法。木材受到腐壞後可隨時輕易更換。超過100年的木材更新事例亦時有所聞。

木材並非只是裝飾材，也發揮的結構材的功能。為針對新國立競技場在受到強風地震的影響下，抑制變形的效果。2020年預定開業的「新品川車站」也是在主要的小梁中，置入木材以達到抑制振動的目的。

實際上「完工後到底可以看到多少木材」也是我很擔心的事。但如果可以結構材的機能使用木材，那麼不就可以看到以木材為主角的場館景象。然而，現實上卻不可能以全木造完成。

不使用大斷面集成材的理由，

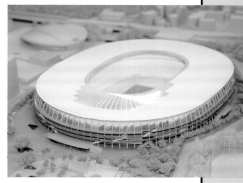

〔照片2〕2019年11月底完工預定新國立競技場的模型。

屋頂的梁深若是增大為1m，整體比例不就回到使用混凝土結構時的量體感。這種作法，無法體驗木材特有的纖細感。因為中斷面集成材梁深幾乎都在45cm以下，可以賦予人們對於整個場館輕盈的印象。另外，如果可以使用中斷面集成材，也可幫助中小企業開啟事業整備的門戶。

在這樣的規模底下，以木材覆蓋建築物的方式，全世界亦為少見。新國立競技場的概念為與外苑的綠帶連結形成「杜（もり）之場館」〔照片2〕。完工經過30年後，建築物就會融入周圍的樹木與植栽中。設計經年變化30年後的景觀理應是理所當然的事。

〔照片1〕完工30年後的景象
擔任整體造型設計的建築師隈研吾先生。為了讓中小企業也能參與並開啟事業整備的門戶，決定不選用僅限部分加工廠才能製作的大斷面集成材。
〔照片：本頁由本刊提供〕

日經建築官網 ☞ http://na.nikkeibp.co.jp/

世界新式木造建築設計
實踐都市高層木造建築的理論與實務全集

作者	日經建築編
翻譯·審訂	蔡孟廷
責任編輯	楊宜倩
美術設計	林宜德
版權專員	吳怡萱

發行人	何飛鵬
總經理	李淑霞
社長	林孟葦
總編輯	張麗寶
副總編輯	楊宜倩
叢書主編	許嘉芬

出版　城邦文化事業股份有限公司 麥浩斯出版
E-mail　cs@myhomelife.com.tw
地址　104台北市中山區民生東路二段141號8樓
電話　02-2500-7578

發行　英屬蓋曼群島商家庭傳媒股份有限公司城邦分公司
地址　104台北市中山區民生東路二段141號2樓
讀者服務專線　0800-020-299（週一至週五上午09：30～12：00；下午13：30～17：00）
讀者服務傳真　02-2517-0999
讀者服務信箱　cs@cite.com.tw
劃撥帳號　1983-3516
劃撥戶名　英屬蓋曼群島商家庭傳媒股份有限公司城邦分公司

總經銷　聯合發行股份有限公司
地址　新北市新店區寶橋路235巷6弄6號2樓
電話　02-2917-8022
傳真　02-2915-6275

香港發行　城邦（香港）出版集團有限公司
地址　香港灣仔駱克道193號東超商業中心1樓
電話　852-2508-6231
傳真　852-2578-9337

新馬發行　城邦（新馬）出版集團Cite（M）Sdn. Bhd.（458372 U）
地址　41, Jalan Radin Anum, Bandar Baru Sri Petaling, 57000 Kuala Lumpur, Malaysia.
電話　603-9056-3833
傳真　603-9056-2833

製版印刷 凱林彩印有限公司　　定價 新台幣780元
2019年3月初版一刷·Printed in Taiwan 有著作權·翻印必究（缺頁或破損請寄回更換）

國家圖書館出版品預行編目（CIP）資料

世界新式木造建築設計：實踐都市高層木
造建築的理論與實務全集／ 日經建築編；
蔡孟廷譯. -- 初版. -- 臺北市： 麥浩斯出
版： 家庭傳媒城邦分公司發行, 2019.03
面；　公分. --（Architecture；9）
ISBN 978-986-408-476-0（平裝）

1.建築物構造 2.木工 3.室內設計
441.553　　　　　　　108002489

Architecture

建築師之眼：
巴薩札爾·克萊柏捕捉建築初心和靈魂的影像詩篇

當代建築的逆襲：
從勒·科比意到札哈·哈蒂，從線性到非線性建築的過渡，80後建築人的觀察與實作筆記

世界知名建築師的提案策略：
師法全球15大建築師事務所抓住人心的表現心法

Timberize TAIWAN都市木造的未來：
新式木結構建築沿革與展望的完整報告

世界知名建築翻新活化設計：
向安藤忠雄、法蘭克·蓋瑞、札哈·哈蒂等大師學習可實踐的創新思維

漂亮家居好生活